ベクトルからはじめる電磁気学

坂本 文人(著)

本書に掲載されている会社名・製品名は，一般に各社の登録商標または商標です．

本書を発行するにあたって，内容に誤りのないようできる限りの注意を払いましたが，本書の内容を適用した結果生じたこと，また，適用できなかった結果について，著者，出版社とも一切の責任を負いませんのでご了承ください．

　本書は，「著作権法」によって，著作権等の権利が保護されている著作物です．本書の複製権・翻訳権・上映権・譲渡権・公衆送信権（送信可能化権を含む）は著作権者が保有しています．本書の全部または一部につき，無断で転載，複写複製，電子的装置への入力等をされると，著作権等の権利侵害となる場合があります．また，代行業者等の第三者によるスキャンやデジタル化は，たとえ個人や家庭内での利用であっても著作権法上認められておりませんので，ご注意ください．

　本書の無断複写は，著作権法上の制限事項を除き，禁じられています．本書の複写複製を希望される場合は，そのつど事前に下記へ連絡して許諾を得てください．

(社)出版者著作権管理機構

（電話 03-3513-6969, FAX 03-3513-6979, e-mail: info@jcopy.or.jp）

JCOPY ＜(社)出版者著作権管理機構 委託出版物＞

はじめに

　本書は，物理学の中でも難解な分野の1つとされる「電磁気学」をできるだけわかりやすくするため，その重要なバックボーンとなる数学のベクトルから話をスタートして書きました．電磁気学を難しいと思わせているのは，なんと言っても数学で登場するベクトル解析とのつながりでしょう．物理学の講義で突如前触れもなく数学で取り扱うベクトル解析が顔を出してくるのですから，無理もないと思います．私自身，秋田高専で電磁気学の講義を行うようになってからはや10数年が過ぎようとしていますが，数学と物理学の"つながり"を解説するだけで非常に多くの時間を費やしています．講義を担当した当初は，全15回ある電磁気学の講義の中で6回もベクトル解析の数学的な話をする必要がありました．毎年講義資料に改定に改定を重ね，ときに数学を担当する教員と議論しながら，できるだけベクトル解析の解説の中に物理的イメージを盛り込んでいくことに力を注いできました．最もその物理イメージを持たせることに力を注いだのが，「勾配・発散・回転」です．本書では登山や天気図といった身近なものを例示して解説するようにしました．本書内でたびたび述べていますが，その数学的演算に集中せず，演算が意味する物理的イメージをつかめるようになってほしいと願っています．

　また，本書ではできるだけ数式の展開について途中経過を省かず，ていねいに書くよう心がけました．特に様々な座標系においてラプラス演算子がスカラー場やベクトル場に作用する場合の結果については，妥協せず導出過程を確認しながら最終的な結果を導いています．これらは多くの書籍には見られないものなので，ぜひ参考にしてもらいたいと思っています．電磁気学は理論から派生した学問ではなく，実験事実から数学を用いた理論が構築された学問です．したがって本書でも可能な限り電磁気学の理論背景を前置きとし，それから理論構築をして電磁波にたどり着くアプローチをとっています．これらの歴史的背景にも物理学発展のロマンがありますので，ぜひじっくりと味わえていただけたらと思います．

　本書は，物理学をこれから学ぼうとしている大学1，2年生や高専の3年生以上を意識しています．ですが，素人だけれども物理学に興味があるという方，すでに深く電磁気学を学んだ方や数学をご専門にされている方々にも，通勤や通学途中に列車の中や読書の時間に気軽に読んでもらいたいと思っています．内容や説明方法については，いろいろなご意見・ご指摘があるでしょうが，その際はぜひとも厳し

いご意見を筆者までお寄せください.

　入学試験や学生たちの単位を取得するためだけの勉強ではなかなか味わうことができない「電磁気学」，特にその全体像の美しさを本書を通して少しでも堪能してもらえたら幸いです.

謝辞

　本を執筆した経験のないど素人の私に対し，本書出版の提案と機会をいただきました株式会社オーム社のみなさまに多くの感謝を申し上げます．遅々として進まぬ執筆活動を温かく見守っていただき，ときには適切なアドバイスやコメントをいただきましたことに深く感謝申し上げます．また，トップスタジオのみなさまには，本書のデザイン・校正を行っていただきました．素晴らしい TeX の技術と適切なコメントを多く提供してくださいました．深く感謝申し上げます．最後に，大学院生時代から，研究活動を通じて実践的な電磁気学の世界を指南していただき，私に電磁気学を教えてくださった東京大学の上坂充教授と出町和之准教授に感謝申し上げます.

平成 30 年 7 月

坂　本　文　人

目次

はじめに iii

プロローグ——ベクトルってなに？ xi

第 Ⅰ 部

なぜ，電磁気学でベクトル解析を使わなきゃいけないの？ 1

第 1 章　切っても切れない，ベクトル解析と 電磁気学の関係 3

1 なぜベクトル解析か 4
2 ベクトルの定義は？ 6
3 ベクトルの特徴を考えてみよう 7
　　単位ベクトル 7
　　ゼロベクトル 7
　　逆ベクトル 7
　　ベクトルの相等性 7
　　座標の回転とベクトル 8
　　方向余弦 10

第 Ⅱ 部

ベクトルを演算してみよう 11

第 2 章　ベクトルとベクトル場の関係 13

1 場ってなに？ 14
2 ベクトル場の概念を直感的にイメージしてみよう 16

第 3 章　ベクトルの足し算と引き算 17

1 ベクトルの足し算 18

2 ベクトルとスカラーの乗算 19
3 ベクトルの引き算 20
4 ベクトルの計算を簡単にしてみよう 21

第**4**章 ベクトル同士のかけ算——スカラー積と ベクトル積はなにが違うの? 25

1 ベクトルのかけ算? 26
2 スカラー積は 2D? 27
3 ベクトル積は 3D? 30
4 ベクトルの 3 重積 34
　　スカラー 3 重積の特徴 34
　　ベクトル 3 重積の特徴 36

第**5**章 ベクトル関数の微分と積分 39

1 はじめに 40
2 ベクトル関数の微分 41
　　ベクトル関数と定ベクトル 41
　　ベクトル関数の極限と連続性 41
　　ベクトル関数の導関数 41
3 ベクトル関数の積分 44

第**6**章 スカラー場とベクトル場の微分・積分を イメージしてみよう 47

1 はじめに 48
2 スカラー場・ベクトル場の微分と積分 49
　　∇(ナブラ) 演算子 49
　　スカラー場の微分(勾配) 49
　　勾配の積分 53
　　ベクトル場の微分(発散) 55
　　発散の積分(ガウスの定理) 55
　　ベクトル場の微分(回転) 59
　　回転の積分(ストークスの定理) 59

3 スカラー場・ベクトル場の 2 階微分と
ラプラス演算子 63
　ベクトル恒等式 63
　スカラー場・ベクトル場の 2 階微分 63

4 ラプラス演算子 66
　ラプラス演算子がスカラー場に作用する場合 66
　ラプラス演算子がベクトル場に作用する場合 67

5 ベクトル場の特徴を決めるものは? 69

第**7**章　いろいろな座標系で考えよう　　71

1 座標系とは? 72
2 直交座標系 (x, y, z) 73
　直交座標系の定義 73
　直交座標系での様々な微分演算 73
3 円筒座標系 (r, ϕ, z) 75
　円筒座標系の定義 75
　直交座標系から円筒座標系への座標変換 76
　円筒座標系での様々な微分演算 81
4 極座標系 (r, θ, ϕ) 85
　極座標系の定義 85
　直交座標系から極座標系への座標変換 86
　極座標系での様々な微分演算 90

第**8**章　ディラックのデルタ関数と
線・面・体積積分　　95

1 はじめに 96
2 ディラックのデルタ関数 97
　デルタ関数のイメージ 97
　デルタ関数の応用(ラプラス演算子との関係) 99
3 座標系の選択の重要性 101
　ヤコビアン 101
　直交座標,円筒座標,極座標における,線要素,面積要素,
体積要素 105

viii 目次

第III部
ベクトル解析がわかれば電磁気学はこわくない　107

第9章　電磁気学とはどんな学問か？　109

1 電磁気学はこわくない 110
2 電磁気学は理系の人だけのもの？ 111
　クーロン力と原子の成り立ち 115
3 電磁気学とベクトルの関係を考えよう 117
　電磁気学の基本法則 117

第10章　電磁気学における場の考え方　119

1 電磁気学における場の概念ってなに？ 120
2 遠隔作用と近接作用の考え方 121
3 クーロン力を近接作用で考える 123
　電場の表現と取り扱い方 125

第11章　静電磁場の世界　131

1 クーロンによる静電力の発見 132
　静電場を表す方程式——ガウスの法則 133
2 電流と電流が作る磁場の関係式——アンペールの法則... 142
　磁石のふしぎ 142
　エルステッドの実験による電流と磁場の関係の発見 143
　静磁場を表す微分方程式 148

第12章　時間変動がある場合の電磁場の世界　155

1 電荷保存の法則と変位電流 156
　電荷保存の法則 156
　マクスウェルの変位電流 157
2 ファラデーの電磁誘導の法則 160
　ファラデーによる電磁誘導の法則の発見 160
3 まとめ——マクスウェルの方程式 162

第 13 章 電磁波の伝搬？ 電波はどうやって 伝わっているのか　163

1 波動方程式は難しい？ 164
2 電磁波の伝搬をイメージしてみよう 167
　平面波？ 167
　電場や磁場の波は横波？ 縦波？ 171
　電磁波の伝搬のまとめ 174

エピローグ　177

参考文献 179
索引 181

プロローグ
──ベクトルってなに？

はじめに——電磁気学とベクトル解析

電磁気学とは，その名のとおり電気と磁気の性質を理解する学問です．そして，電気と磁気をベクトル解析という数学を道具に表現していきます．したがって，ベクトル解析の取り扱いとその演算が持つ意味を十分に理解することが極めて重要です．

本書では，まずベクトル解析について，多くの図と言葉を用いることで，イメージをつかむことに力を注いでいき，その後に電磁気学のお話を取り扱っていきます．まずプロローグとして，ベクトルとはなにかを，その基本性質から復習していきましょう．

スカラーとベクトルって？

スカラーとベクトルには，どのような違いがあるでしょうか．実際の身の回りの物理量を例に考えてみることにしてみましょう．

長さや面積，あるいは質量，温度，時間，エネルギーなどは，大きさだけを持っている量です．これらの量は，単位を決めれば，それらの何倍かという数値だけで完全に表現することができます．これらの物理量を**スカラー量**あるいは単に**スカラー**と呼びます．一方それに対して，変位や速度，加速度，力，運動量などは大きさだけでは表すことができません．大きさに加えて，その方向を示す必要があります．これらの物理量は，それで初めて完全に表現することができます．このように大きさと方向を持つ量を**ベクトル量**あるいは単に**ベクトル**と呼びます．位置ベクトルというものも，原点を決めてそこからの変位を表していることから，位置を表す量もベクトルということになります．

> **スカラーとベクトルとは**
> - スカラー：大きさのみで表現される物理量
> - ベクトル：大きさと方向で表現される物理量

　ベクトルは便宜的に，1本の矢で表すことができます．矢の長さがその大きさを示し，先端の向きで方向を表します．例えば，図1の A のようにすることで方向と大きさを一意に示せるのです．ベクトルの大きさは $|A|$ またはノーマル書体で A と表現して，図では矢の長さを示します．これは大きさのみを持つことになるので，スカラーとなります．

　一般にベクトルは A のようにボールド書体（太字）で，スカラーは A のようにノーマル書体で書かれます．

図1　矢で表現したベクトル

xiv　プロローグ──ベクトルってなに？

第 I 部

なぜ，電磁気学でベクトル解析を使わなきゃいけないの？

第 1 章

切っても切れない，
ベクトル解析と
電磁気学の関係

---

1 なぜベクトル解析か

2 ベクトルの定義は？

3 ベクトルの特徴を考えてみよう

なぜベクトル解析か

　私たちはスマートフォンや電子レンジ，正確な時刻を知らせてくれる電波時計など，電磁波を応用した技術を利用して便利な生活をしています．これらの技術は，古くは1700年代にフランスのクーロンやイギリスのファラデーといった科学者によって研究された電気や磁気を応用したものであり，もはや現代社会では必要不可欠と言ってもよいでしょう．

　では，なぜ身近に応用されている電磁波[注1]を学ぶのにベクトル解析という数学を勉強する必要があるのでしょうか？　ここでは，その必要性について考えてみることにしましょう．

　プロローグで触れたとおり，スカラーは大きさのみを，ベクトルは方向と大きさを持っています．ここで，簡単な例としてダムから流れる水の流れを考えてみましょう．

注1　正確には電磁場と言いますが，ここでは電磁波または電波のイメージにとどめておきましょう．

スカラーは大きさのみを表すので，水の高さ（位置エネルギー）を表現するのに最適です．一方ベクトルは水の流れ（どの方向にどれだけの量が流れているか）を表現するのに，非常に便利なのです．それゆえ，水の流れを理解する学問である流体力学の発展と共に，ベクトル解析という数学も一緒に発展してきました．1700年代から1800年代後半にかけて発展してきた電磁気学もまた，ベクトル解析の発展に大きな影響を与えました．なぜなら，水の流れと電磁波は非常に似た振る舞いを持っていることが発見されたからです．例えば，水を張ったお風呂の中の栓を抜くと，水は渦を巻きます．これと同じように，磁石の周りの砂鉄も渦を巻いたように見えます．このようなベクトルの分布をうまく表現するためにベクトル解析は発展してきました．

　これから登場してくるベクトル解析の**勾配**や**発散**，**回転**といった演算は，単なる数学的な演算ではなく，水の流れや電磁波の分布を表現しています．演算とその結果が持つ物理的意味を理解することで，直感的なイメージにつながっていくのです．

2 ベクトルの定義は？

さて，プロローグでも述べましたが，ベクトルとは大きさと方向を持つ量です．少々大雑把な言い方ですが，これを物理学におけるベクトルの定義としましょう．ベクトルは大きさと方向を持っているので，1本の矢で図示することができます（図1.1）．矢の始点から終点にかけての線分を**有向線分**と言い，矢の長さがベクトルの大きさを，始点から終点にかけての方向がベクトルの方向を，それぞれ示します．

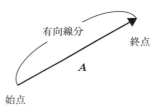

図 1.1　ベクトル

また，適切な座標軸を設定することで，ベクトルの始点および終点は座標原点からの距離として表すことができます．この座標原点を始点に設定した場合の終点の位置を表す座標の値を，ベクトルの成分といいます．

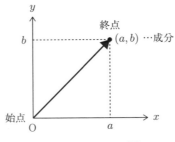

図 1.2　ベクトルの成分

ベクトルの特徴を考えてみよう

▶ 単位ベクトル

ベクトルをその大きさで割った量は,ベクトルで $A/|A|$ と表現され,これは大きさが 1 となり,**単位ベクトル**と呼ばれるものになります.

▶ ゼロベクトル

ベクトルとして大きさがゼロのものも考えることができます.この大きさがゼロのベクトルを**ゼロベクトル**と言い,0 と書きます.例えば,始点と終点が一致した矢はゼロベクトルになります.ゼロベクトルは大きさもゼロであり,方向も持ちませんが,スカラーではないので,混同しないよう注意が必要です.

▶ 逆ベクトル

ベクトル A と大きさが等しく方向が正反対のベクトルを,ベクトル A の**逆ベクトル**と言い,$-A$ と書きます.2 つのベクトル A と B があり,それぞれの始点と終点および終点と始点が一致している場合,互いに逆ベクトルの関係になります.

▶ ベクトルの相等性

ベクトルの定義として,大きさと方向を持つ量と述べました.これは言い方を変えると,ベクトルは**大きさと方向だけで完全に一意に決定される量**であって,ベクトルの位置は任意であってどこにとってもよいということを意味しています.つまり,図 1.3 に示すように,位置が異なっても大きさと方向が互いに等しい複数のベクトル a, b, c は,同一のベクトルであると言えます.これを数学的に書くと,

$$a = b = c \tag{1.1}$$

となり,ベクトル a, b, c は互いに等しいと言います.これは,ベクトルを平行移動した場合,ベクトルの成分は変化しますが,ベクトルの大きさと方向には何の影響も与えないことを意味しています.

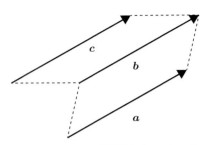

図 1.3　ベクトルの平行移動（$a = b = c$）

座標の回転とベクトル

　ここで，ベクトルの大切な性質について触れておきましょう．私たちが生活している空間には，特別な座標軸（原点）というものはありません．つまり，座標軸は問題を解きやすいように自由に設定してもよいのです．しかし，ベクトルで表される自然現象は，座標軸の選び方によって変化してはいけません．座標軸を変えた場合，それに応じてベクトルの成分も変わる必要があります．

　それでは，あるベクトルの成分が軸を変えるとどうなるかを考えてみましょう．座標軸を変えるということは，

- 軸の平行移動
- 軸の回転

の 2 つが考えられます．軸の平行移動の場合，ベクトルが変わらないのは先に述べたとおりです．一方，座標の回転に対するベクトルの成分の振る舞いは，座標変換を考えればよいでしょう．図 1.4 のようなベクトル r を考えてみましょう．成分は，座標軸への射影になります．$x-y$ 座標から $x'-y'$ 座標へ回転させることを考えます．この図を見てわかるように，座標軸を回転させてもベクトルは変化しません．図の矢の長さが変わっていないので，大きさは変化していません．ただし，ベクトルの成分は変化しています．この成分は，

$$\begin{pmatrix} r'_x \\ r'_y \end{pmatrix} = \begin{pmatrix} \cos\theta & \sin\theta \\ -\sin\theta & \cos\theta \end{pmatrix} \begin{pmatrix} r_x \\ r_y \end{pmatrix} \tag{1.2}$$

と変換されるのは簡単な幾何学的関係からわかるでしょう．座標の回転に対して，ベクトルの成分はこの式と同じように変換されなくてはならないのです．

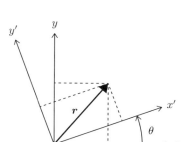

図 1.4 座標の回転

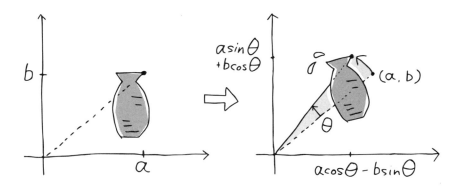

▶ 方向余弦

ベクトル解析を学んでいくと,方向余弦という関係を知っておくと便利な場合があるので,少し触れておくことにしましょう.図 1.5 のようにベクトル $\boldsymbol{r}$ の始点を原点とした直交座標系を考え,x, y, z 軸とのなす角度をそれぞれ α, β, γ とすると,

$$r_x = r\cos\alpha, \quad r_y = r\cos\beta, \quad r_z = r\cos\gamma \tag{1.3}$$

の関係があります.ここで,r はベクトル $\boldsymbol{r}$ の大きさを表します.これらの $r\cos\alpha, r\cos\beta, r\cos\gamma$ を**方向余弦**と呼びます.

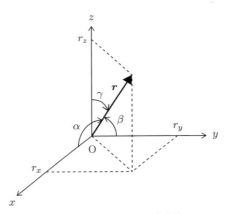

図 1.5 ベクトル $\boldsymbol{r}$ の方向余弦

第 II 部

ベクトルを演算してみよう

第 **2** 章

ベクトルと
ベクトル場の関係

1 場ってなに？

2 ベクトル場の概念を直感的にイメージ
してみよう

場ってなに？

さて，速度や加速度などの物理量はベクトルを用いて表現すると便利であることがわかりました．物理学では**場**という概念がよく用いられます．これから学んでいく電場や磁場も場の概念を用いたものです．それでは，ここで場の概念について，具体的な例で考えてみることにしてみましょう．

例として，電圧というスカラー量を考えてみることにします．電圧は空間上のある点，ある時刻で一意的な値をとります．それを空間全体にわたってマッピングした地図が電圧図となります．また，電圧が等しい地点同士をつなぎ合わせたものが等圧線と呼ばれるものになり，このようにすることで，目には見えない電圧の空間分布の様子を視覚的に理解できます．

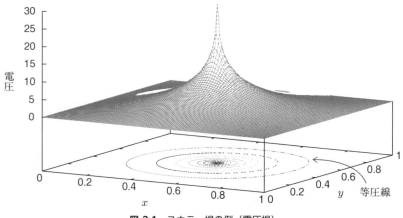

図 2.1 スカラー場の例（電圧場）

天気図には，気圧の他にも温度や風といった物理量をマッピング可能です．このようにある時刻にあらゆる座標で一意に決まる物理量をマッピングした地図を，**場**と言います．考えている物理量がスカラーの場合はその場を**スカラー場**，ベクトルの場合は**ベクトル場**と言います．図2.1に示す電圧の場は，スカラー場の具体例です．このことは，私たちがドライブや登山などをするときによく目にする地図と共通していることがイメージできるでしょう．山の高さをスカラー場として考えると，山の高さをマッピングした地図では，等高線が密になれば山の傾斜はきつく，疎になれば傾斜はなだらかであることが見てわかります．

場とは

物理量（スカラー量，ベクトル量）をマッピングした地図．

2 ベクトル場の概念を直感的にイメージしてみよう

　ベクトルについても，任意の時間に各地点におけるベクトル量が一意に決まる場合，そのベクトルを地図上にマッピングすることが可能です．物理学の力学においては，空間における質点の運動を考えるとき，任意の点を原点にとった質点の位置を表すベクトル r は，r を時間 t の関数として

$$r = r(t) \tag{2.1}$$

のように定義できます．t は何にも依存しない独立変数ですから，t の値を一意に固定すると，それに応じたベクトル $r(t)$ が定まります．このとき，$r(t)$ を変数 t の**ベクトル関数**と言います．図 2.2 は 2 次元直交座標系 (x, y) 平面におけるベクトル関数 $r(x, y) = (-x - y, x - y)$ のベクトル場を図示したものです．このように，ベクトル関数からそのベクトル場がどのようなマッピングになっているのかを推測することができます．

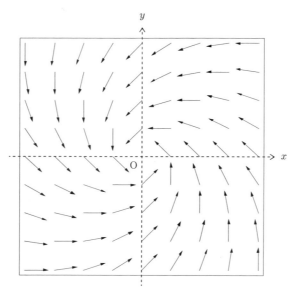

図 2.2 ベクトル関数のベクトル場

第 **3** 章

ベクトルの
足し算と引き算

1 ベクトルの足し算

2 ベクトルとスカラーの乗算

3 ベクトルの引き算

4 ベクトルの計算を簡単にしてみよう

1 ベクトルの足し算

　ベクトルの足し算と言ってもシンプルに捉えて，2つの矢をつなぎ合わせることを考えればよいでしょう．例えばベクトル A とベクトル B を足し合わせたベクトル C は，数学的には

$$C = A + B \tag{3.1}$$

のように書きます．実際には，スカラーの足し算のように単に大きさだけを足し算するのではなく，後に説明するように2つのベクトルの成分を考えることが重要になりますが，ここでは2つのベクトルの足し算を幾何学的に考えることにします．2つのベクトルの足し算を考える場合，それぞれのベクトルの始点を同一点に平行移動すると，その和はちょうど2つのベクトルから作られる平行四辺形の対角線になります．これを示したのが図 3.1 です．この図を見てわかるように，ベクトルの足し算には $C = A + B = B + A$ が成り立ち，足し算の順序は関係ありません．

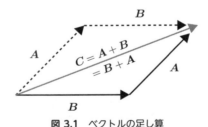

図 3.1 ベクトルの足し算

ベクトルとスカラーの乗算

　次に，ベクトルとスカラーの乗算を考えます．かけるスカラー量が正の場合は，方向を変えずにベクトルの大きさをそのスカラー量倍すればよいでしょう．これを示したのが図 3.2 です．もし，かけるスカラー量が負の場合，ベクトルの方向が逆になります．これは，ベクトルを -1 倍すると，その方向が逆になることを示しています（図 3.3）．これはちょうど普通の数（スカラー）を -1 倍すると，原点を中心に数直線上で逆になるのと同じことです．

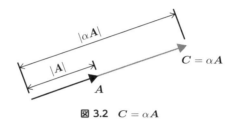

図 3.2 $C = \alpha A$

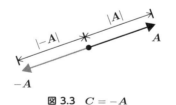

図 3.3 $C = -A$

3 ベクトルの引き算

ベクトルの -1 倍を計算することができるようになったので，ベクトルの引き算も可能になります．例えば，

$$C = A - B \tag{3.2}$$

を，ベクトル A とベクトル $-B$ の足し算と考えてみるのです．これを示しているのが図 3.4 です．ちょうど和のときと反対側の対角線になっていることがわかります．

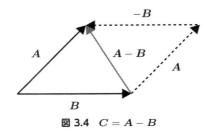

図 3.4 $C = A - B$

以上の結果から，ベクトルの足し算，引き算そしてスカラー倍については，以下に示す 3 つの演算法則が成り立ちます．

> **ベクトル演算の 3 法則**
> - 結合法則：$(A + B) + C = A + (B + C)$
> - 交換法則：$A + B = B + A$
> - 分配法則：$n(A + B) = nA + nB$

④ ベクトルの計算を簡単にしてみよう

　ここまでのお話で，ベクトルは矢で表現できることがわかりました．矢で表現することにより，ベクトルを視覚的に（直感的に）理解することができます．しかしながら，ベクトルの矢が複数本ある場合や，3次元に話が拡張してくると，矢での計算は極めて取り扱いにくくなります．そこで，ここでは演算に便利なベクトルの表現方法を考えてみることにします．まずは，一番シンプルな直交座標系（(x, y, z)軸）でのベクトル表現を考えてみましょう．図3.5のようにその矢の始まりを直交座標系の原点において，先端の座標でベクトルを一意に決めることができます．そうすると，ベクトル $\bm{r}$ は，

$$\bm{r} = (x_1, y_1, z_1) \tag{3.3}$$

のように成分を用いて表現できます．この x_1, y_1, z_1 は，ベクトル $\bm{r}$ の成分と呼ばれ，ベクトル $\bm{r}$ を**位置ベクトル**と言います．私たちは3次元[注1]の世界に住んでいるので，物理学で取り扱うベクトル量は3つの成分からなります．

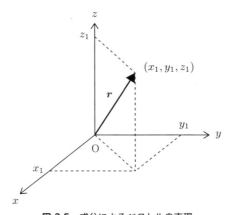

図 3.5　成分によるベクトルの表現

注1　正確には時間を含めた4次元ですが，簡単のため3次元で話を進めましょう．

22 ▷ 第Ⅱ部　ベクトルを演算してみよう

この表現方法を用いてベクトルの足し算を行うと，以下のようにとても簡単に表現できるようになります．

$$
\begin{aligned}
C &= A + B \\
&= (A_x, A_y, A_z) + (B_x, B_y, B_z) \\
&= (A_x + B_x, A_y + B_y, A_z + B_z)
\end{aligned}
\tag{3.4}
$$

次に，さらに便利なベクトルの表現方法を示しておきましょう．大きさが 1 で，座標の各軸の方向を向いた単位ベクトル e_x, e_y, e_z を導入すると，あるベクトル A は図 3.6 のようになり，ベクトル e_x, e_y, e_z の何倍かという量で表すことができます．式にすると

$$
\begin{aligned}
A &= A_x e_x + A_y e_y + A_z e_z \\
&= (A_x, A_y, A_z)
\end{aligned}
\tag{3.5}
$$

となります．ここで，e_x, e_y, e_z は大きさが 1 で方向を示す単位ベクトルです．ベクトルの成分を使った表現 (A_x, A_y, A_z) を，**ベクトルの成分表示**と呼びます．

このようにすると，ベクトルの足し算は成分同士の足し算となり，計算がとても簡単になります．また，直交座標系においてはベクトルの大きさはピタゴラスの定理（三平方の定理）より，

$$
|A| = A = \sqrt{A_x^2 + A_y^2 + A_z^2}
\tag{3.6}
$$

と表現できます．

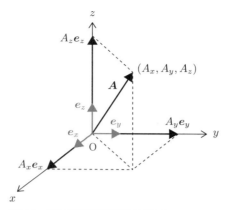

図 3.6 直交座標系での単位ベクトル e_x, e_y, e_z

[問題]

2 次元直交座標系 (x, y) で，以下のベクトル $\boldsymbol{A}$, $\boldsymbol{B}$ の足し算 $\boldsymbol{A} + \boldsymbol{B}$ について，幾何学的な描写と成分による計算からその長さを求めてみましょう．

$$\boldsymbol{A} = (1, 0), \qquad \boldsymbol{B} = (0, \sqrt{3})$$

[解答例]

・**幾何学的な描写**

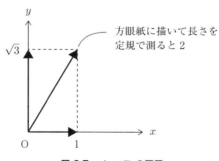

図 3.7 $\boldsymbol{A} + \boldsymbol{B}$ の図示

24　第Ⅱ部　ベクトルを演算してみよう

・成分で計算

$$\begin{aligned}
\boldsymbol{A} + \boldsymbol{B} &= (1,0) + (0,\sqrt{3}) \\
&= (1,\sqrt{3}) \\
|\boldsymbol{A} + \boldsymbol{B}| &= \sqrt{1^2 + \sqrt{3}^2} \\
&= \sqrt{1+3} \\
&= \sqrt{4} \\
&= 2
\end{aligned}$$

第 **4** 章

ベクトル同士のかけ算
──スカラー積とベクトル積は なにが違うの？

1 ベクトルのかけ算？

2 スカラー積は 2D ？

3 ベクトル積は 3D ？

4 ベクトルの 3 重積

ベクトルのかけ算？

　次に，ベクトル同士のかけ算であるスカラー積とベクトル積について考えてみましょう．式の演算が確実にできることも重要ですが，ここで注目したいのは演算で得られるスカラーあるいはベクトルが意味する空間的イメージをしっかりつかむことです．演算を正確にするのももちろん大切ですが，演算が意味するところを理解するのもとても重要なことです．

2 スカラー積は2D？

まずは2つのベクトルのスカラー積（内積）と呼ばれるものを考えてみましょう．スカラー積は互いに角度 θ をなす2つのベクトル $\boldsymbol{A}$ と $\boldsymbol{B}$ に関して，

> **スカラー積の定義**
> $$\boldsymbol{A} \cdot \boldsymbol{B} \equiv AB \cos\theta \tag{4.1}$$

と定義されるスカラー量のことを言います．言葉のとおり，演算の結果得られるものはスカラー量です．なお，$\boldsymbol{A}$ と $\boldsymbol{B}$ の間にあるドット記号（・）は，スカラー積であることを表す演算子なので，省略することはできません．

次に，このスカラー積が持つ幾何学的な意味について考察してみましょう．図 4.1 に示すように，スカラー積は，ベクトル $\boldsymbol{A}$ の大きさ A と $\boldsymbol{A}$ の上への $\boldsymbol{B}$ の正射影（$B\cos\theta$）の積と考えることができます．つまり，

$$B\cos\theta = \boldsymbol{B} \cdot \frac{\boldsymbol{A}}{A} = \boldsymbol{B} \text{ の } \boldsymbol{A} \text{ 方向成分} \tag{4.2}$$

$\boldsymbol{A}$ と $\boldsymbol{B}$ を入れ替えても同様のことが言えます．このように，スカラー積とは演算の対象となる2つのベクトルが作る平面における演算のことなので，2次元の演算であることがわかります．

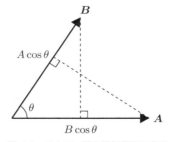

図 4.1 スカラー積の幾何学的な意味

28 ❯ 第II部　ベクトルを演算してみよう

　ベクトルの大きさの計算と全く同じようにして，ベクトル $\boldsymbol{A}$ と $\boldsymbol{B}$ のスカラー積は，

$$\boldsymbol{A} \cdot \boldsymbol{B} = A_x B_x + A_y B_y + A_z B_z \tag{4.3}$$

のように書くことができます．つまり，

$$\boldsymbol{A} \cdot \boldsymbol{B} = AB \cos \theta = A_x B_x + A_y B_y + A_z B_z \tag{4.4}$$

となります．以下で，この等式が正しいことを示してみましょう．θ はベクトル $\boldsymbol{A}$ と $\boldsymbol{B}$ の間の角度です．これを証明するために，座標軸を都合のよいように回転させます．左辺はスカラー量なので，座標系を回転させても値が変わることはありません．図 4.2 に示すように，座標軸回転後の新しい x 軸を $\boldsymbol{A}$ の方向にとると，ベクトル $\boldsymbol{B}$ と x 軸の間の角度は θ となります．$\boldsymbol{B}$ と y, z 軸との角度を ζ, η とすると，新たな座標系でのベクトルの成分は，

$$A_x = A \qquad\qquad A_y = 0 \qquad\qquad A_z = 0 \tag{4.5}$$
$$B_x = B \cos \theta \qquad B_y = B \cos \zeta \qquad B_z = B \cos \eta \tag{4.6}$$

となります．$\cos \theta, \cos \zeta, \cos \eta$ はそれぞれの軸との方向余弦そのものなので，スカラー積の定義より，

$$\begin{aligned}
\boldsymbol{A} \cdot \boldsymbol{B} &= A_x B_x + A_y B_y + A_z B_z \\
&= AB \cos \theta + 0 \times B \cos \zeta + 0 \times B \cos \eta \\
&= AB \cos \theta
\end{aligned} \tag{4.7}$$

が得られました．これをスカラー積の第 2 の定義と考えることができます．実際には，式 (4.3) と式 (4.7) のうちの簡単なほうを使えばよいでしょう．また，スカラー積の定義から，

$$\boldsymbol{A} \cdot \boldsymbol{B} = \boldsymbol{B} \cdot \boldsymbol{A} \tag{4.8}$$

であることが直ちにわかります．スカラー積の演算ではこのように交換法則が成り立っています．

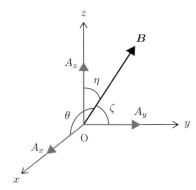

図 4.2 座標軸の回転とスカラー積

最後に x, y, z 軸の単位ベクトル e_x, e_y, e_z のスカラー積の演算を示しておきましょう．単位ベクトル e_x, e_y, e_z は互いに直交しているため，cos の演算から以下のようになります．

$$
\begin{aligned}
&e_x \cdot e_x = 1 \quad e_x \cdot e_y = 0 \quad e_x \cdot e_z = 0 \\
&e_y \cdot e_x = 0 \quad e_y \cdot e_y = 1 \quad e_y \cdot e_z = 0 \\
&e_z \cdot e_x = 0 \quad e_z \cdot e_y = 0 \quad e_z \cdot e_z = 1
\end{aligned}
\tag{4.9}
$$

対角成分が全て 1 で，それ以外は全てゼロの対角化行列になっています．

3 ベクトル積は3D?

ベクトル積（外積）は，互いに角度 θ をなす2つのベクトル $\bm{A}, \bm{B}$ に関して，ベクトル $\bm{A}, \bm{B}$ に対する右ねじの法則の示す方向成分ベクトル $\bm{n}$ を用いて，以下のように定義されます．

> **ベクトル積の定義**
>
> $$\bm{A} \times \bm{B} \equiv AB\sin\theta\, \bm{n} \tag{4.10}$$

演算の結果得られる量はベクトル量になるため，ベクトルの外積はベクトル積と呼ばれます．スカラー積を「・」という演算子で示したのと同様に，ベクトル積は「×」という演算子を用いて表現します．

次に，ベクトル積の性質について見ていきましょう．あるベクトル $\bm{A}$ と $\bm{B}$ のベクトル積がベクトル $\bm{C}$ になったとします．つまり，

$$\bm{C} = \bm{A} \times \bm{B} \tag{4.11}$$

とします．ベクトル積の定義より，演算の結果の $\bm{C}$ はベクトルになり，その大きさは

$$|\bm{C}| = |\bm{A}||\bm{B}|\sin\theta \tag{4.12}$$

とします．ここで，θ はそれぞれのベクトル $\bm{A}$ と $\bm{B}$ のなす角度です．一方，その方向は $\bm{A}$ と $\bm{B}$ の定める平面に垂直で，それぞれのベクトル $\bm{A}, \bm{B}, \bm{C}$ が右ねじの法則が当てはまる右手系を作る向きとします．このように方向を定めると，

$$\bm{A} \times \bm{B} = -\bm{B} \times \bm{A} \tag{4.13}$$

となり，積の順序を入れ替えると符号が反対になります．つまりスカラー積の場合

とは異なり，交換則は成立しないことになるので注意が必要です．

次に，ベクトル積の幾何学的なイメージを考えましょう．式 (4.11) の演算は，図 4.3 のようになります．A と B で定まる平行四辺形の底面を A とすると，平行四辺形の高さは $|B|\sin\theta$ です．したがってその面積は，$|A||B|\sin\theta$ となります．これは，$|A\times B|$ の定義に等しくなります．このことから，$A\times B$ のベクトル積は，A と B で定まる平行四辺形の面積を大きさとして，その平行四辺形の平面に垂直な方向のベクトルであるという，幾何学的な意味があることが理解できます．

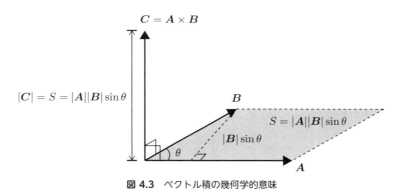

図 4.3 ベクトル積の幾何学的意味

また，ベクトル積の定義（ベクトルの方向）から，単位ベクトル同士のベクトル積の演算を以下のように求めることができます．

$$\begin{aligned} &e_x \times e_x = 0 & &e_x \times e_y = e_z & &e_x \times e_z = -e_y \\ &e_y \times e_x = -e_z & &e_y \times e_y = 0 & &e_y \times e_z = e_x \\ &e_z \times e_x = e_y & &e_z \times e_y = -e_x & &e_z \times e_z = 0 \end{aligned} \tag{4.14}$$

以上の関係を使って，ベクトル積の結果得られるベクトルの成分を考えてみましょう．ベクトル $A = A_x e_x + A_y e_y + A_z e_z$ と $B = B_x e_x + B_y e_y + B_z e_z$ のベクトル積は，

$$\begin{aligned} C &= A \times B \\ &= (A_x e_x + A_y e_y + A_z e_z) \times (B_x e_x + B_y e_y + B_z e_z) \\ &= (A_y B_z - A_z B_y) e_x + (A_z B_x - A_x B_z) e_y + (A_x B_y - A_y B_x) e_z \end{aligned} \tag{4.15}$$

となります．以上より，ベクトル積の演算結果を成分で表すと，

$$C_x = A_y B_z - A_z B_y$$
$$C_y = A_z B_x - A_x B_z \tag{4.16}$$
$$C_z = A_x B_y - A_y B_z$$

となります．

[問題]

2次元直交座標 (x, y) において，点 A(2,3)，B(6,9)，C(5,−2) が作る三角形の面積を求めなさい．

[解答例]

ベクトルの相等性から，座標原点に点 A がくるように点 B，C も平行移動させる．

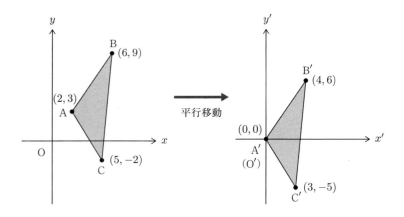

図 4.4 原点に点 A がくるように平行移動

A : $(2,3) - (2,3) = (0,0) = A'(= O')$
B : $(6,9) - (2,3) = (4,6) = B'$
C : $(5,-2) - (2,3) = (3,-5) = C'$

点 B′，C′ を成分とするベクトル $\boldsymbol{B}'$，$\boldsymbol{C}'$ を考えると，求めるべき三角形の面積はベクトル $\boldsymbol{B}'$，$\boldsymbol{C}'$ のベクトル積の $\dfrac{1}{2}$ になることがわかる．よって面積 S は，

$$
\begin{aligned}
S &= \frac{1}{2}|\boldsymbol{B}' \times \boldsymbol{C}'| \\
&= \frac{1}{2}|(4 \cdot (-5) - 6 \cdot 3)| \\
&= \frac{1}{2}|-20 - 18| \\
&= \frac{1}{2} \cdot 38 \\
&= 19
\end{aligned}
$$

34 ❯ 第Ⅱ部　ベクトルを演算してみよう

4 ベクトルの3重積

　3つのベクトルの積の演算のうち，$\boldsymbol{A} \cdot (\boldsymbol{B} \times \boldsymbol{C})$ と $\boldsymbol{A} \times (\boldsymbol{B} \times \boldsymbol{C})$ は，電磁気学では頻繁に登場してきます．演算の結果から，前者はスカラー3重積，後者はベクトル3重積と呼ばれます．ここでは，これらの特徴について見ておきましょう．

▶ スカラー3重積の特徴

　$\boldsymbol{A} \cdot (\boldsymbol{B} \times \boldsymbol{C})$ の演算結果はスカラーになります．それは，括弧内の外積 $\boldsymbol{B} \times \boldsymbol{C}$ はベクトルになり，それとベクトル $\boldsymbol{A}$ との内積はスカラーとなることから理解できます．そのため，このベクトルの演算の組み合わせはスカラー3重積と呼ばれます．

　スカラー3重積の特徴を直交座標系で確かめてみましょう．成分で表したスカラー3重積は，

$$
\begin{aligned}
&\boldsymbol{A} \cdot (\boldsymbol{B} \times \boldsymbol{C}) \\
&= A_x(B_yC_z - B_zC_y) + A_y(B_zC_x - B_xC_z) + A_z(B_xC_y - B_yC_x) \\
&= A_xB_yC_z + A_yB_zC_x + A_zB_xC_y - A_xB_zC_y - A_yB_xC_z - A_zB_yC_x
\end{aligned}
$$

(4.17)

となります．これはとても対称性のとれた見通しのよい式です．なぜなら，全ての項はそれぞれのベクトルの成分を1つ含みます．それを A, B, C の順序で並べると，$x \to y \to z$ の巡回に並んだとき正に，その逆の $z \to y \to x$ の巡回に並んだとき負になっています．このことから，元の式 $\boldsymbol{A} \cdot (\boldsymbol{B} \times \boldsymbol{C})$ のベクトルは巡回に入れ替えても値は変わらないと言えます．そして，逆に巡回させると符号が逆になることもわかります．すなわち，

$$
\begin{aligned}
\boldsymbol{A} \cdot (\boldsymbol{B} \times \boldsymbol{C}) &= \boldsymbol{B} \cdot (\boldsymbol{C} \times \boldsymbol{A}) = \boldsymbol{C} \cdot (\boldsymbol{A} \times \boldsymbol{B}) \\
&= -\boldsymbol{A} \cdot (\boldsymbol{C} \times \boldsymbol{B}) = -\boldsymbol{B} \cdot (\boldsymbol{A} \times \boldsymbol{C}) = -\boldsymbol{C} \cdot (\boldsymbol{B} \times \boldsymbol{A})
\end{aligned}
$$
(4.18)

です．負になる場合はベクトル積の入れ替えが負になることからもわかります．

スカラー3重積の幾何学的なイメージ

次にこのスカラー3重積の幾何学的な意味を考えてみましょう．図 4.5 に示すように，スカラー3重積の値は3つのベクトルが作る平行6面体の体積となります．ベクトル B と C が作る平行四辺形の面積 S は

$$S = |B \times C| \tag{4.19}$$

です．そして，この B と C が作る平行四辺形を底面としたときの高さ h はベクトル A と $B \times C$ がなす角度を θ とすると，

$$h = |A|\cos\theta \tag{4.20}$$

となるので，平行6面体の体積 V は

$$\begin{aligned} V &= Sh \\ &= |B \times C||A|\cos\theta \\ &= (底面積) \times (高さ) = (平行6面体の体積) \\ &= A \cdot (B \times C) \end{aligned} \tag{4.21}$$

となります．この式からわかるようにスカラー3重積は，それぞれのベクトルが作る平行6面体の体積になっています．ただし，スカラー3重積は負にもなるので注意が必要です．負の場合は，その絶対値が体積となります．

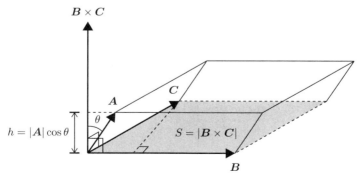

図 4.5 スカラー3重積の幾何学的意味．3つのベクトルが作る平行6面体の体積になっている

ベクトル3重積の特徴

電磁気学ではベクトル3重積

$$A \times (B \times C) = B(A \cdot C) - C(A \cdot B) \tag{4.22}$$

の形が頻繁に表れてきます.

ベクトル3重積について,簡単に幾何学的な推測を行いましょう. ベクトル積 $(B \times C)$ の演算結果は,ベクトル B にも C にも垂直の方向を向いています. それと A とのベクトル積もまた垂直になります. このことから,ベクトル3重積の $A \times (B \times C)$ の方向について以下のことが言えます.

> **ベクトル3重積の特徴**
> - ベクトル B と C が作る平面内にある.
> - ベクトル A と垂直である.

これらを図示したのが図4.6です.このようにベクトル積の結果をイメージするだけで,演算するまでもなくベクトル3重積が指し示す方向をイメージできます.

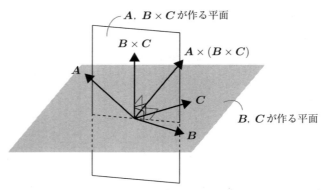

図 4.6 ベクトル3重積の幾何学的関係

さて，スカラー3重積が構成する3つのベクトルが作る平行6面体の体積を示したときのような，幾何学的に面白いことはベクトル3重積では見当たりません．しかしながら，ベクトル3重積を成分に分けて実際に計算してみると，$A \times (B \times C)$ の順序を巡回に（$A \to B \to C$ の順で）入れ替えることで，以下の式を得られます．

$$B \times (C \times A) = (A \cdot B) C - (B \cdot C) A \tag{4.23}$$

$$C \times (A \times B) = (B \cdot C) A - (C \cdot A) B \tag{4.24}$$

そしてこれら3つの式を足し合わせると，以下の結果を得ます．

$$A \times (B \times C) + B \times (C \times A) + C \times (A \times B) = 0 \tag{4.25}$$

この関係を，**ヤコビの恒等式**と呼びます．

第 5 章

ベクトル関数の微分と積分

1 はじめに

2 ベクトル関数の微分

3 ベクトル関数の積分

1 はじめに

　ここまではベクトルの基本的な演算の方法とそれらの幾何学的な意味についてみてきました．物理学においてスカラー場やベクトル場は位置 r または時間 t に依存する物理量（関数）となります．ただし，ここでは簡単のため不連続な場合については取り扱わず，連続的に変化する場合を考えることにします．連続的に変化するということは，微分を定義できるということです．本章では，ベクトル関数の微分と積分の定義とその意味について確認していきます．

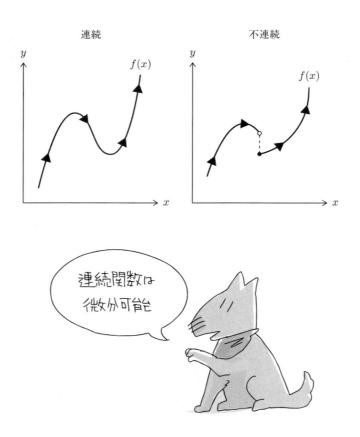

ベクトル関数の微分

▶ ベクトル関数と定ベクトル

ベクトル $\boldsymbol{A}$ が変数 t に依存して変化するとき,$\boldsymbol{A}$ を**ベクトル関数**と言い,通常のスカラー関数のときと同様に $\boldsymbol{A}(t)$ と書きます.一方で変数に依存せず常に一定のベクトルは**定ベクトル**と言います.この場合,依存する量は何もないので,ベクトル $\boldsymbol{C}$ を定ベクトルとすると,単に $\boldsymbol{C}$ と表現します.

▶ ベクトル関数の極限と連続性

ベクトル関数 $\boldsymbol{A}(t)$ に対して定ベクトル $\boldsymbol{C}$ と $t \to t_1$ のときに $|\boldsymbol{A}(t) - \boldsymbol{C}| \to 0$ が成立するとき,

$$\lim_{t \to t_1} \boldsymbol{A}(t) = \boldsymbol{C} \tag{5.1}$$

と書き,$\boldsymbol{A}(t)$ の**極限**は $\boldsymbol{C}$ であると言います.また,ベクトル関数 $\boldsymbol{A}(t)$ の極限が

$$\lim_{t \to t_0} \boldsymbol{A}(t) = \boldsymbol{A}(t_0) \tag{5.2}$$

を満たすとき,$\boldsymbol{A}(t)$ は $t = t_0$ において**連続**であると言います.

▶ ベクトル関数の導関数

ベクトル関数が連続であるということは,ベクトル関数の微分を定義できるということです.ベクトル関数の微分をスカラー関数の微分との類似性から考えてみましょう.図 5.1 に示すように,変数の値が x から $x + \Delta x$ まで変化するとき,スカラー関数 $f(x)$ の変化量は $\Delta f = f(x + \Delta x) - f(x)$ であることから,変化の割合は

$$\frac{\Delta f}{\Delta x} = \frac{f(x) \text{の変化量}}{x \text{の変化量}} = \frac{f(x + \Delta x) - f(x)}{\Delta x} \tag{5.3}$$

となります.ここで $\Delta x \to 0$ の極限をとると,これは x における関数 $f(x)$ の**接線**

の傾きに相当します．この接線の傾きを**微分係数**と言い，$\dfrac{df}{dx}$ と表します．

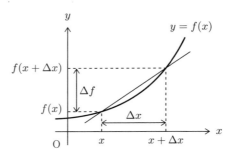

図 5.1 スカラー関数 $f(x)$ の微分のイメージ

以上をまとめると，次のような関係があり，微分した $f'(x)$ をスカラー関数 $f(x)$ の**導関数**と言います．

$$f'(x) = \frac{df}{dx} = \lim_{\Delta x \to 0} \frac{\Delta f}{\Delta x} = \lim_{\Delta x \to 0} \frac{f(x+\Delta x) - f(x)}{\Delta x} \tag{5.4}$$

次に，ベクトル関数の場合を考えてみましょう．図 5.2 に示すように，ベクトル関数の変数の値が t から $t + \Delta t$ まで変化したとき，スカラー関数のときと同様にベクトル関数 $\boldsymbol{A}(t)$ の変化の割合は

$$\frac{\Delta \boldsymbol{A}}{\Delta t} = \frac{\boldsymbol{A}(t) \text{の変化量}}{t \text{の変化量}} = \frac{\boldsymbol{A}(t+\Delta t) - \boldsymbol{A}(t)}{\Delta t} \tag{5.5}$$

となります．ここで $\Delta t \to 0$ に対する $\dfrac{\Delta \boldsymbol{A}}{\Delta t}$ の極限が存在するとき，スカラー関数のときと同様にその極限値を t における $\boldsymbol{A}$ の微分係数と言い，$\dfrac{d\boldsymbol{A}}{dt}$ と表現します．図 5.2 に示すように，微分係数は t におけるベクトル関数 $\boldsymbol{A}$ の先端が作る軌跡の**接ベクトル**となっています．

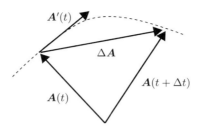

図 5.2 ベクトル関数 $\boldsymbol{A}(t)$ の微分のイメージ

以上をまとめると，次のような関係があり，$\boldsymbol{A}'(t)$ をベクトル関数 $\boldsymbol{A}(t)$ の**導関数**と言います．

$$\boldsymbol{A}'(t) = \frac{d\boldsymbol{A}}{dt} = \lim_{\Delta t \to 0} \frac{\Delta \boldsymbol{A}}{\Delta t} = \lim_{\Delta t \to 0} \frac{\boldsymbol{A}(t+\Delta t) - \boldsymbol{A}(t)}{\Delta t} \tag{5.6}$$

ここでベクトル関数の微分について以下の法則があるので，示しておきます．

ベクトル関数の微分法則
- $(f\boldsymbol{A})' = f'\boldsymbol{A} + f\boldsymbol{A}'$
- $(\boldsymbol{A} \cdot \boldsymbol{B})' = \boldsymbol{A}' \cdot \boldsymbol{B} + \boldsymbol{A} \cdot \boldsymbol{B}'$
- $(\boldsymbol{A} \times \boldsymbol{B})' = \boldsymbol{A}' \times \boldsymbol{B} + \boldsymbol{A} \times \boldsymbol{B}'$
- $(\boldsymbol{A} \cdot \boldsymbol{A})' = (|\boldsymbol{A}|^2)' = 2\boldsymbol{A} \cdot \boldsymbol{A}'$

ベクトル関数の積分

次に,積分について考えてみましょう.ベクトル関数の微分と同様,スカラー関数の積分との類似性からベクトル関数の積分について考えていきます.図 5.3 に示すように,スカラー関数 $f(x)$ が区間 $a \leq x \leq b$ の間で連続であるとし,この区間を $x_0, x_1, x_2, \cdots, x_n$ で n 分割します.そして,式 (5.7) に示す任意の x の位置 ξ_i におけるスカラー関数の値 $f(\xi_i)$ と分割幅 Δx の積の和を考えます.

$$\begin{aligned} S_n &= f(\xi_1)\Delta x_1 + f(\xi_2)\Delta x_2 + \cdots + f(\xi_n)\Delta x_n \\ &= \sum_{i=1}^{n} f(\xi_i)\Delta x_i \quad (i = 1, 2, 3, \cdots, n) \end{aligned} \tag{5.7}$$

次に分割数 n を無限に大きくした場合,つまり分割幅 Δx を無限に小さくした場合の極限について考えます.この S_n の極限がある 1 つの値 S に収束したとき,この S を区間 $a \leq x \leq b$ における定積分と言い,

$$\lim_{n \to \infty} S_n = S = \int_a^b f(x)dx \tag{5.8}$$

と表現します.この定積分は,図 5.3 からわかるように,区間 $a \leq x \leq b$ における x 軸とスカラー関数 $f(x)$ によって囲まれた領域の面積を表しています.また,ダミー変数 t を用いて

$$S(x) = \int_a^x f(t)dt \tag{5.9}$$

とおくと,以下に示す積分に関する平均値の定理より,$\dfrac{dS}{dx} = f(x)$ が成り立ちます.

> **積分に関する平均値の定理**
>
> 区間 $[a,b]$ で連続な関数 $f(x)$ に対して,
>
> $$\int_a^b f(x)dx = (b-a)f(\xi) \tag{5.10}$$
>
> を満たす ξ が区間 $[a,b]$ 内に存在する.

つまり, 積分に関する平均値の定理より,

$$S(x+\Delta x) - S(x) = \int_x^{x+\Delta x} f(t)dt = \Delta x f(\xi)$$

よって $\Delta x \to 0$ のとき $\xi \to x$ だから,

$$\frac{dS}{dx} = \lim_{\Delta x \to 0} \frac{S(x+\Delta x)-S(x)}{\Delta x} = f(x)$$

が成り立ちます.

式 (5.9) の $S(x)$ もスカラー関数 $f(x)$ の原始関数なので $S(x)=F(x)+C$ とおくことができ, $x=a$ のとき $S(a)=0$ であるから $C=-F(a)$ となり,

$$\int_a^b f(x)dx = [F(x)]_a^b = F(b)-F(a) \tag{5.11}$$

となります.

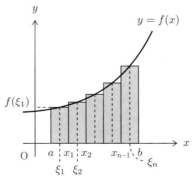

図 5.3 スカラー関数 $f(x)$ の積分のイメージ

次に，ベクトル関数 $A(t)$ の積分について考えてみましょう．ベクトル関数の場合もスカラー関数の場合と同様に考えていきます．基本的には，スカラー関数 $f(x)$ をベクトル関数 $A(t)$ に置き換えて考えればよく，区間 $a \leq t \leq b$ においてベクトル関数 $A(t)$ が連続であるとして，この区間を $t_1, t_2, \cdots, t_{n+1}$ で n 分割します．ここで，$\Delta t_i = t_{i+1} - t_i$ $(i = 1, 2, \cdots, n)$ であり，その区間内の任意の t の値を ξ_i として以下の和を考えます．

$$\begin{aligned} S_n &= A(\xi_1)\Delta u_1 + A(\xi_2)\Delta u_2 + \cdots + A(\xi_n)\Delta u_n \\ &= \sum_{i=1}^{n} A(\xi_i)\Delta u_i \quad (i = 1, 2, 3, \cdots, n) \end{aligned} \tag{5.12}$$

分割数 n を無限大の極限にとると，この和 S_n はある 1 つのベクトル S に収束します．この極限 S を区間 $a \leq t \leq b$ におけるベクトル関数 $A(t)$ の定積分と言い，

$$S = \int_a^b A(t)dt \tag{5.13}$$

と表現します．また，スカラー関数の積分と同様に $F(t)$ をベクトル関数 $A(t)$ の不定積分とすれば，

$$\int_a^b A(t)dt = [F(t)]_a^b = F(b) - F(a) \tag{5.14}$$

と表せます．これは図 5.4 に示すように，区間 $a \leq t \leq b$ の定積分は，途中の積分経路によらず，上限と下限の不定積分の差で与えられることがわかります．

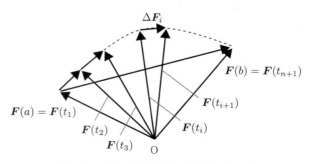

図 5.4 ベクトル関数 $f(x)$ の積分のイメージ

第 **6** 章

スカラー場とベクトル場の微分・積分をイメージしてみよう

1 はじめに

2 スカラー場・ベクトル場の微分と積分

3 スカラー場・ベクトル場の2階微分とラプラス演算子

4 ラプラス演算子

5 ベクトル場の特徴を決めるものは？

1 はじめに

　ここまではスカラー関数とベクトル関数の微分と積分について，その幾何学的意味を含めてお話を進めてきました．次に取り扱いたいのは，ベクトル解析でも最も重要になってくるスカラー場およびベクトル場の微分とその積分です．これらはスカラー場の勾配，ベクトル場の発散および回転とも呼ばれ，スカラー場とベクトル場を理解する上で避けて通ることができない概念です．これらの演算には，∇（ナブラ）演算子と呼ばれる微分演算子がスカラー場およびベクトル場に作用するのですが，本章ではまず ∇ 演算子の定義を示し，勾配，発散そして回転について考えていきます．なお，本章ではお話を直交座標系にとどめ，円筒座標系および極座標系については次章で触れることにします．

スカラー場・ベクトル場の微分と積分

▶ ∇(ナブラ)演算子

まずはベクトルとしての特徴と演算子としての特徴を併せ持つ，∇（ナブラ）演算子から話を始めましょう．直交座標系における∇演算子を以下のように定義します．

$$\nabla \equiv \frac{\partial}{\partial x}\boldsymbol{e}_x + \frac{\partial}{\partial y}\boldsymbol{e}_y + \frac{\partial}{\partial z}\boldsymbol{e}_z$$
$$= \left(\frac{\partial}{\partial x}, \frac{\partial}{\partial y}, \frac{\partial}{\partial z}\right) \tag{6.1}$$

この∇はベクトル微分演算子とも言われ，ベクトルとしての特徴を持つものの，単体では意味を持ちません．この右側に何らかのスカラー関数あるいはベクトル関数を置くことで初めて意味を持つものです．つまり，∇演算子は順序にとても敏感で，交換法則は成り立たず，必ず $\nabla T \neq T \nabla$ となります．なぜなら，∇演算子は微分演算子なので，右側に置かれたスカラー関数あるいはベクトル関数に作用するからです．このことに注意して，この∇演算子がスカラー場およびベクトル場に作用した場合について考えていくことにしましょう．

▶ スカラー場の微分（勾配）

∇演算子の右側にスカラー関数 h が置かれた場合，スカラー場 h の**勾配**と言い，以下のように書きます．

$$\nabla h = \left(\frac{\partial h}{\partial x}, \frac{\partial h}{\partial y}, \frac{\partial h}{\partial z}\right) \tag{6.2}$$

教科書によっては $\nabla h = \text{grad } h$ と書かれていることもありますが，意味は同じです．「grad」は勾配を意味する英単語「gradient」の略字です．

この勾配には3つの成分があり，ベクトル量になっています．各成分のそれぞれは位置の関数ですので，場の量，つまりベクトル場であることは確かです．ここで，スカラー関数 h はなめらか（連続）な関数なので，後は，この3つの成分がそ

れぞれベクトル量であることを確認してみましょう．3次元は計算が大変なので，2次元で話を進めていきます．第1章のベクトルの回転でも触れたように，図6.1に示すように座標系を角度 θ だけ回転させた場合を考えます．

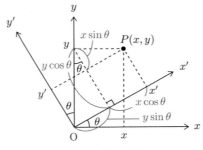

図 6.1 座標の回転

この場合，図より，

$$x' = x\cos\theta + y\sin\theta \tag{6.3}$$
$$y' = -x\sin\theta + y\cos\theta \tag{6.4}$$

となるので，

$$\begin{bmatrix} x' \\ y' \end{bmatrix} = \begin{bmatrix} \cos\theta & \sin\theta \\ -\sin\theta & \cos\theta \end{bmatrix} \begin{bmatrix} x \\ y \end{bmatrix} \quad \text{または} \quad \begin{bmatrix} x \\ y \end{bmatrix} = \begin{bmatrix} \cos\theta & -\sin\theta \\ \sin\theta & \cos\theta \end{bmatrix} \begin{bmatrix} x' \\ y' \end{bmatrix} \tag{6.5}$$

という関係が言えます．変位ベクトル $(\Delta x, \Delta y)$ も同じ変換になるので，

$$\Delta x' = \Delta x\cos\theta + \Delta y\sin\theta \tag{6.6}$$
$$\Delta y' = -\Delta x\sin\theta + \Delta y\cos\theta \tag{6.7}$$

となります．2点間の距離 $(\Delta x, \Delta x')$ を無限小にとった場合のスカラー場 h をプライムが付いた座標系で考えます．するとスカラー場 h の変化量 Δh は，

第 6 章　スカラー場とベクトル場の微分・積分をイメージしてみよう　51

$$\Delta h = h(x' + \Delta x', y' + \Delta y') - h(x', y')$$

$$= \frac{\partial h}{\partial x'} \Delta x' + \frac{\partial h}{\partial y'} \Delta y'$$

$$= \frac{\partial h}{\partial x'} (\Delta x \cos\theta + \Delta y \sin\theta) + \frac{\partial h}{\partial y'} (-\Delta x \sin\theta + \Delta y \cos\theta)$$

$$= \left(\frac{\partial h}{\partial x'} \cos\theta - \frac{\partial h}{\partial y'} \sin\theta \right) \Delta x + \left(\frac{\partial h}{\partial x'} \sin\theta + \frac{\partial h}{\partial y'} \cos\theta \right) \Delta y$$

$$= \left(\frac{\partial h}{\partial x'} \cos\theta - \frac{\partial h}{\partial y'} \sin\theta, \frac{\partial h}{\partial x'} \sin\theta + \frac{\partial h}{\partial y'} \cos\theta \right) \cdot (\Delta x, \Delta y) \tag{6.8}$$

となり，以上をまとめると，

$$\begin{bmatrix} \frac{\partial h}{\partial x} \\ \frac{\partial h}{\partial y} \end{bmatrix} = \begin{bmatrix} \cos\theta & -\sin\theta \\ \sin\theta & \cos\theta \end{bmatrix} \begin{bmatrix} \frac{\partial h}{\partial x'} \\ \frac{\partial h}{\partial y'} \end{bmatrix} \tag{6.9}$$

となることがわかります．これは式 (6.5) の変換式と等しいので，各成分がベクトル量になっていることが証明できました．一般に，次式に示すようにベクトル場 $\boldsymbol{W}$ をスカラー場の微分 $\nabla\phi$ で表現した場合のスカラー場 ϕ のことを，ベクトル場 $\boldsymbol{W}$ の**スカラーポテンシャル**と呼びます[注1]．

$$\boldsymbol{W} = -\nabla\phi \tag{6.10}$$

次に，この勾配の意味を考えてみましょう．2 次元直交座標系におけるスカラー場として，山の高さを例に考えていきます．山の高さを h とすると，これは位置ベクトル $\boldsymbol{r}$ の関数になりますので，$h(\boldsymbol{r})$ または $h(x, y)$ と表現することができます．そこから距離 $d\boldsymbol{r}$ だけ踏み出したときの高低差 dh は，

$$dh = h(\boldsymbol{r} + d\boldsymbol{r}) - h(\boldsymbol{r})$$

$$= \frac{\partial h}{\partial x} dx + \frac{\partial h}{\partial y} dy \tag{6.11}$$

となります．また，この式は

$$dh = \frac{\partial h}{\partial x} dx + \frac{\partial h}{\partial y} dy$$

注1　物理学では，一般的にマイナスが付いた表現になります．これは習慣にすぎませんが，物体はポテンシャルエネルギーが高いほうから低いほうへ落下すると考えることによるものです．

$$
\begin{aligned}
&= \left[\left(\frac{\partial}{\partial x}, \frac{\partial}{\partial y}\right)h\right] \cdot (dx, dy) \\
&= \nabla h \cdot d\boldsymbol{r}
\end{aligned}
\tag{6.12}
$$

と変形することができます．さて，ここで ∇h の物理的意味を考えてみましょう．式 (6.12) はスカラー積になっているので，∇h と一歩踏み出した距離 $d\boldsymbol{r}$ のなす角度を θ とすると，

$$
dh = |\nabla h||d\boldsymbol{r}|\cos\theta \tag{6.13}
$$

となります．ここで登山をイメージすると，勾配 ∇h の物理的意味がつかみやすいです．ある地点 $\boldsymbol{r}$ から同じ距離だけ一歩踏み出して最も高く登れるのは 2 つのベクトル ∇h と $d\boldsymbol{r}$ が同じ方向 $\theta = 0$ を向いているときです．勾配の方向は一歩踏み出すときに坂道のきつい方向となります．一方，勾配の大きさはその名のとおり，山の傾斜そのものであることが微分の定義からもわかります．これはつまり，地図における等高線をイメージしたとき，山の勾配ベクトルは等高線に対して垂直になっていることを意味しています．

勾配の大きさと方向

- ∇h の大きさ：山の傾斜
- ∇h の方向：傾斜が一番大きい方向

▶勾配の積分

　勾配の積分について考えてみます．積分はもともと領域を n 分割し，微小区間の和について $n \to 0$ の極限をとったものですから，ここでも同じように考えてみます．図 6.2 に示すように，任意の位置における山の勾配 ∇h_i と区分長 Δs_i の内積の和をとったものになりますので，

$$\lim_{\Delta s_i \to 0} \sum_i^n \nabla h_i \cdot \Delta s_i = \int_{r_1}^{r_2} \nabla h \cdot ds \tag{6.14}$$

　一方で微小量の内積は一歩踏み出したときの標高差でしたから，

$$\nabla h_i \cdot \nabla s_i = h_{i+1} - h_i \tag{6.15}$$

です．すなわち極限をとった場合は，

$$\int_{r_1}^{r_2} \nabla h \cdot ds = h(r_2) - h(r_1) \tag{6.16}$$

となり，地点 r_1 と r_2 の標高差を表していることになります．

> **勾配の積分**
> 勾配の積分はスカラー場の差（山の標高差）を表す．

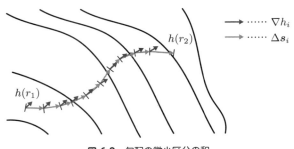

図 6.2　勾配の微小区分の和

また，スカラー場に対して一定の値の地点を曲線または直線で結んだものを**等位面**と言います．等位面の例として，等高線，等圧線，等電位面などがあります．

山の標高を例に考えると，等高線の疎密について面白いことが言えます．図 6.3 に示すように，等高線が密な領域ほど山の勾配は大きく，逆に等高線が疎の場合は山の勾配が緩やかであることがわかります．

スカラー場として気圧を考えてみましょう．気圧場を図示したものはまさしく天気予報でよく見る気圧配置図そのものなので，気圧の等位面は等圧線と呼ばれるものになります．等圧線が密なほど風が強く，疎なほど穏やかであることが天気図から読み取れます．

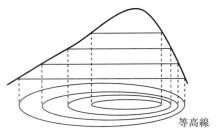

図 6.3　山の勾配と等高線

第6章 スカラー場とベクトル場の微分・積分をイメージしてみよう 55

ベクトル場の微分（発散）

∇ 演算子の右側にベクトル関数 $\boldsymbol{A}$ が置かれた場合，ベクトル演算としてスカラー積とベクトル積が考えられます．スカラー積についての演算は，

$$
\begin{aligned}
\nabla \cdot \boldsymbol{A} &= \left(\frac{\partial}{\partial x}, \frac{\partial}{\partial y}, \frac{\partial}{\partial z} \right) \cdot (A_x, A_y, A_z) \\
&= \frac{\partial A_x}{\partial x} + \frac{\partial A_y}{\partial y} + \frac{\partial A_z}{\partial z}
\end{aligned}
\tag{6.17}
$$

となり，**発散**と呼ばれるスカラー量になります．教科書によっては英単語の divergence の頭 3 文字をとって div$\boldsymbol{A}$ と記していることもありますが，意味するところは同じです．

発散の積分（ガウスの定理）

直交座標系における演算としての発散については，特に問題はないでしょう．重要になってくるのはその意味です．

今，図 6.4 に示す任意の閉曲面において水の流れベクトル $\boldsymbol{A}$ を考えてみましょう．この閉曲面の微小表面 dS から流れ出ていく水の量 dQ は，

$$
dQ = \boldsymbol{A} \cdot \boldsymbol{n}\, dS
\tag{6.18}
$$

となります．ここで，$\boldsymbol{n}$ は微小面積の法線方向の単位ベクトルであり，図 6.5 に示すように水の流れベクトル $\boldsymbol{A}$ と面積の法線ベクトルのスカラー積を**流量（フラックス）**と言います．式 (6.18) を考えている閉曲面の表面全てにわたって積分すると，閉曲面の表面を通過する全水量を求めることができ，以下の式で表現できます．

$$
Q = \int dQ = \int_S \boldsymbol{A} \cdot \boldsymbol{n}\, dS
\tag{6.19}
$$

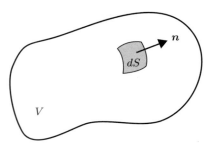

図 6.4 水の流れを考える空間とその表面

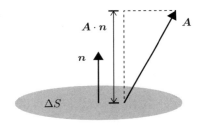

$$\Delta \boldsymbol{S} = \boldsymbol{n}\Delta S$$

図 6.5 微小表面からの水の流れとその流量

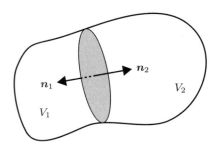

図 6.6 考える空間を分割しても表面から出てくる流量は変わらない

次に，考えている閉曲面を 2 分割して流量 Q を求めてみましょう．図 6.6 に示すように，2 つに分割した場合はその境界面における流量はキャンセルしてゼロになるため，結局は先ほど求めた Q に等しいことになります．

$$Q = \int_{S_1} \boldsymbol{A} \cdot \boldsymbol{n}\, dS + \int_{S_2} \boldsymbol{A} \cdot \boldsymbol{n}\, dS \tag{6.20}$$

さらにこれを N 個に分割した場合を考えてみましょう．この場合も隣接する境界面での流量はキャンセルするわけですから，全体の流量は Q に等しくなり，

$$Q = \sum_i^N \int_{\Delta V_i} \boldsymbol{A} \cdot \boldsymbol{n}_i dS \tag{6.21}$$

$\Delta V_i \to 0$ の極限，すなわち分割数を無限大にすると，

$$\begin{aligned}
Q &= \sum_i \int_{\Delta V_i} \boldsymbol{A} \cdot \boldsymbol{n}_i dS \\
&= \sum_i \left[\frac{\int_{\Delta V_i} \boldsymbol{A} \cdot \boldsymbol{n}_i dS}{\Delta V_i} \right] \Delta V_i \\
&= \int_V \left[\lim_{\Delta V \to 0} \frac{\int_{\Delta V} \boldsymbol{A} \cdot \boldsymbol{n}}{\Delta V} \right] dV
\end{aligned} \tag{6.22}$$

となります．

さて，ここで直交座標系における水の流れを考察してみましょう．図 6.7 に示す直方体の中心座標を (x_0, y_0, z_0) とし，$(x-z)$ 平面における水の流出量を考えてみます．図 6.7 に示した平面 1, 2 が $(x-z)$ 平面における水の窓口に対応するわけですから，x 軸の正の方向に水が流れるとすると，水の流出量は以下のように書くことができます．

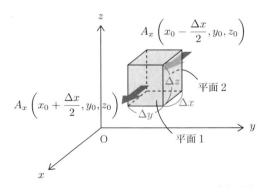

図 6.7 直交座標系における水の流れと閉曲面（直方体）

$$\boldsymbol{A}\left(x_0 + \frac{\Delta x}{2}, y_0, z_0\right) \cdot (\boldsymbol{e}_x \Delta y \Delta z) + \boldsymbol{A}\left(x_0 - \frac{\Delta x}{2}, y_0, z_0\right) \cdot (-\boldsymbol{e}_x \Delta y \Delta z)$$

$$= \frac{A_x\left(x_0 + \frac{\Delta x}{2}, y_0, z_0\right) - A_x\left(x_0 - \frac{\Delta x}{2}, y_0, z_0\right)}{\Delta x} \Delta x \Delta y \Delta z \tag{6.23}$$

ここで微分の定義より，

$$\lim_{\Delta x \to 0} \frac{A_x\left(x_0 + \frac{\Delta x}{2}, y_0, z_0\right) - A_x\left(x_0 - \frac{\Delta x}{2}, y_0, z_0\right)}{\Delta x} \fallingdotseq \frac{\partial A_x}{\partial x} \tag{6.24}$$

となり，他の平面を通過する流量についても同様に考えると，直方体を流れる流量は

$$\left(\frac{\partial A_x}{\partial x} + \frac{\partial A_y}{\partial y} + \frac{\partial A_z}{\partial z}\right) \Delta x \Delta y \Delta z = \nabla \cdot \boldsymbol{A} \Delta x \Delta y \Delta z \tag{6.25}$$

となります．ここで，$\Delta x \Delta y \Delta z$ は直方体の体積を表していることから，$\nabla \cdot \boldsymbol{A}$ は単位体積あたりの水の湧き出し（発散）を表していると言えます．このことを数式で表現すると，

$$\nabla \cdot \boldsymbol{A} = \lim_{\Delta V \to 0} \frac{\int_{\Delta V} \boldsymbol{A} \cdot \boldsymbol{n}}{\Delta V} \tag{6.26}$$

となります．これを式 (6.22) に代入すると，

$$\int_V \nabla \cdot \boldsymbol{A} \, dV = \int_S \boldsymbol{A} \cdot d\boldsymbol{S} \tag{6.27}$$

となります．これは**ガウスの定理**と呼ばれるものであり，この定理により $\nabla \cdot \boldsymbol{A}$ は以下のような意味を持つことがわかります．

> **ガウスの定理の意味**
>
> 発散 $\nabla \cdot \boldsymbol{A}$ は単位体積あたりの水の流れ（ベクトル場）の出入りを表すものである．

ベクトル場の微分（回転）

次に，∇ 演算子とベクトル $\boldsymbol{A}$ のベクトル積を考えてみましょう．ベクトル積についての演算は，

$$
\nabla \times \boldsymbol{A} = \left(\frac{\partial}{\partial x}, \frac{\partial}{\partial y}, \frac{\partial}{\partial z} \right) \times (A_x, A_y, A_z)
$$

$$
= \left(\frac{\partial A_z}{\partial y} - \frac{\partial A_y}{\partial z} \right) \boldsymbol{e}_x + \left(\frac{\partial A_x}{\partial z} - \frac{\partial A_z}{\partial x} \right) \boldsymbol{e}_y + \left(\frac{\partial A_y}{\partial x} - \frac{\partial A_x}{\partial y} \right) \boldsymbol{e}_z
$$

$$(6.28)$$

となり，**回転**というベクトル量になります．本によっては英単語の rotation の頭 3 文字をとって rot$\boldsymbol{A}$ あるいは，「らせん」を意味する英単語 curl を用いて curl$\boldsymbol{A}$ と表現する場合もありますが，意味するところは同じです．

回転の積分（ストークスの定理）

直交座標系における回転の演算方法については問題ないと思います．重要となってくるのは発散のときと同様に，その意味です．

図 6.8 のように，水の流れベクトル $\boldsymbol{A}$ の中に，任意の形状をした閉じた輪 C を投げ入れることを考えます．すると，投げ入れた輪は水の流れ方に応じて運動をし，もし流れに渦がある場合，輪は回転運動をし始めます．輪の回転の度合い Γ は，流れベクトル $\boldsymbol{A}$ と輪の線素ベクトルのスカラー積を用いて

$$
\Gamma = \oint_C \boldsymbol{A} \cdot d\boldsymbol{l} \tag{6.29}
$$

と表現できます．ただし，水の渦の回転軸の方向を示す単位ベクトル $\boldsymbol{n}$ の方向は，渦に沿って右ねじの法則を満たす方向です．この Γ を**循環**と言います．

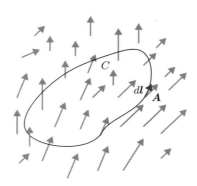

図 6.8 水の流れ場 A の中に輪 C を投げ入れる

　発散のときと同様に，投げ入れる輪を 2 分割する場合を考えてみましょう．この場合，図 6.9 に示すように分割した 2 つの輪の境界線における線素ベクトルの和はキャンセルしてゼロとなるため，結局は先ほど求めた循環 Γ に等しいことになります．さらに輪を N 分割した場合も同様で，

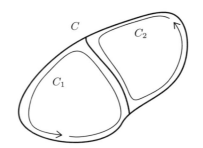

図 6.9 輪を分割しても輪の循環は変わらない

$$\begin{aligned}
\Gamma &= \oint_{C_1} \bm{A} \cdot d\bm{l}_1 + \oint_{C_2} \bm{A} \cdot d\bm{l}_2 \\
&= \sum_i \oint_{\Delta C_i} \bm{A} \cdot \bm{l}_i \\
&= \int_S \left[\lim_{\Delta S \to 0} \frac{\oint \bm{A} \cdot d\bm{l}}{\Delta S} \right] dS
\end{aligned} \tag{6.30}$$

となります．

　さて，ここで発散のときと同様に図 6.10 に示す直交座標系における水の流れを考

察してみましょう．図 6.10 に示す水の流れ場の中に，十分に小さな ($\Delta x, \Delta y \ll 1$) 長方形を入れると，渦の大きさ Γ は流れ場 $\boldsymbol{A}$ の各辺に沿った成分と各辺の長さとの積の和で表現できるので，

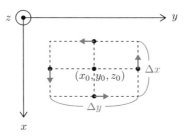

図 6.10 直交座標系における水の流れと輪（長方形）

$$\begin{aligned}\Gamma &= \left\{\boldsymbol{A}\left(x_0 + \frac{\Delta x}{2}, y_0, z_0\right) \cdot \boldsymbol{e}_y\right\}\Delta y + \left\{\boldsymbol{A}\left(x_0, y_0 + \frac{\Delta y}{2}, z_0\right) \cdot (-\boldsymbol{e}_x)\right\}\Delta x \\ &\quad + \left\{\boldsymbol{A}\left(x_0 - \frac{\Delta x}{2}, y_0, z_0\right) \cdot (-\boldsymbol{e}_y)\right\}\Delta y + \left\{\boldsymbol{A}\left(x_0, y_0 - \frac{\Delta y}{2}, z_0\right) \cdot \boldsymbol{e}_x\right\}\Delta x \\ &= \left\{A_y\left(x_0 + \frac{\Delta x}{2}, y_0, z_0\right) - A_y\left(x_0 - \frac{\Delta x}{2}, y_0, z_0\right)\right\}\Delta y \\ &\quad - \left\{A_x\left(x_0, y_0 + \frac{\Delta y}{2}, z_0\right) - A_x\left(x_0, y_0 - \frac{\Delta y}{2}, z_0\right)\right\}\Delta x \\ &= \left\{\frac{A_y\left(x_0 + \frac{\Delta x}{2}, y_0, z_0\right) - A_y\left(x_0 - \frac{\Delta x}{2}, y_0, z_0\right)}{\Delta x} \right. \\ &\quad \left. - \frac{A_x\left(x_0, y_0 + \frac{\Delta y}{2}, z_0\right) - A_x\left(x_0, y_0 - \frac{\Delta y}{2}, z_0\right)}{\Delta y}\right\}\Delta x \Delta y \qquad (6.31)\end{aligned}$$

と計算できます．今，各辺の長さを十分に小さい $\Delta x, y \ll 1$ としているので，渦の大きさ Γ は

$$\begin{aligned}\Gamma &\fallingdotseq \left(\frac{\partial A_y}{\partial x} - \frac{\partial A_x}{\partial y}\right)\Delta x \Delta y \\ &= (\nabla \times \boldsymbol{A})_z \Delta x \Delta y \end{aligned} \qquad (6.32)$$

となります．つまり，z 軸の周りの単位面積あたりの渦の大きさは $(\nabla \times \boldsymbol{A})_z$ で与えられます．同様の考察で x, y 軸の周りにおける渦の大きさはそれぞれ

$(\nabla \times \boldsymbol{A})_x, (\nabla \times \boldsymbol{A})_y$ で与えられるので，

$$\nabla \times \boldsymbol{A} = (\nabla \times \boldsymbol{A})_x \boldsymbol{e}_x + (\nabla \times \boldsymbol{A})_y \boldsymbol{e}_y + (\nabla \times \boldsymbol{A})_z \boldsymbol{e}_z \tag{6.33}$$

となることがわかります．したがって，式 (6.30) と比較してみると

$$\lim_{\Delta S \to 0} \frac{\oint \boldsymbol{A} \cdot d\boldsymbol{l}}{\Delta S} = \nabla \times \boldsymbol{A} \cdot \boldsymbol{n} \tag{6.34}$$

となりますので，

$$\int_S \nabla \times \boldsymbol{A} \cdot \boldsymbol{n}\, dS = \oint_C \boldsymbol{A} \cdot d\boldsymbol{l} \tag{6.35}$$

と整理できます．この式 (6.35) を**ストークスの定理**と言います．この定理により $\nabla \times \boldsymbol{A}$ は，以下のような意味を持つことがわかります．

> **ストークスの定理の意味**
>
> 回転 $\nabla \times \boldsymbol{A}$ とは，水の流れ場（ベクトル場）において，各点の周りでベクトル場が回転しようとする傾向（循環）を示すものである．

スカラー場・ベクトル場の 2階微分とラプラス演算子

▶ベクトル恒等式

　∇ 演算子を使った 1 階微分は，ここまでに登場した，勾配・発散・回転だけです．電磁気学では 2 階微分も頻繁に登場してきますので，特に重要なものについて触れておきましょう．∇ 演算子はベクトルと同じように振る舞うので，まずはベクトルに関する恒等式を示し，それを ∇ 演算子に置き換えたらどうなるのかを考えてみることにしましょう．ここで特に重要になってくるベクトル恒等式は，

$$\boldsymbol{A} \times \boldsymbol{A} = \boldsymbol{0} \tag{6.36}$$

$$\boldsymbol{A} \cdot (\boldsymbol{A} \times \boldsymbol{B}) = 0 \tag{6.37}$$

$$\boldsymbol{A} \cdot (\boldsymbol{B} \times \boldsymbol{C}) = \boldsymbol{C} \cdot (\boldsymbol{A} \times \boldsymbol{B}) = \boldsymbol{B} \cdot (\boldsymbol{C} \times \boldsymbol{A}) \tag{6.38}$$

$$\boldsymbol{A} \times (\boldsymbol{B} \times \boldsymbol{C}) = \boldsymbol{B}(\boldsymbol{A} \cdot \boldsymbol{C}) - \boldsymbol{C}(\boldsymbol{A} \cdot \boldsymbol{B}) \tag{6.39}$$

の 4 つの恒等式です．式 (6.36) と (6.37) が成り立つことはベクトルの方向をイメージすると理解いただけることでしょう．また，式 (6.38) と (6.39) は先に取り扱ったスカラー 3 重積とベクトル 3 重積になります．

▶スカラー場・ベクトル場の 2 階微分

　さて，スカラー場を ϕ，ベクトル場を $\boldsymbol{W}$ とした場合，∇ 演算子を使った 2 階微分の組み合わせは，以下のようになります．

$$\nabla \cdot (\nabla \phi) \tag{6.40}$$

$$\nabla \times (\nabla \phi) \tag{6.41}$$

$$\nabla (\nabla \cdot \boldsymbol{W}) \tag{6.42}$$

$$\nabla \cdot (\nabla \times \boldsymbol{W}) \tag{6.43}$$

$$\nabla \times (\nabla \times \boldsymbol{W}) \tag{6.44}$$

64 ▷ 第Ⅱ部　ベクトルを演算してみよう

　これら全ての組み合わせの演算結果がどのようになるのかを考えてみましょう. はじめに通常のベクトルの演算で 0 になるものを探して, ベクトルを ∇ 演算子に置き換え, 式 (6.40)～(6.44) の演算で 0 になるものを探してみましょう.

　まずベクトルの演算からはっきりとわかっている式 (6.36) および (6.37) の関係において

$$\boldsymbol{A} \times (\boldsymbol{A}\phi) = (\boldsymbol{A} \times \boldsymbol{A})\phi = 0, \quad \boldsymbol{A} \cdot (\boldsymbol{A} \times \boldsymbol{B}) = 0 \tag{6.45}$$

が言えます.

　これらの関係から, $\boldsymbol{A}$ を ∇, $\boldsymbol{B}$ を $\boldsymbol{W}$ と置き換えてあげると,

$$\nabla \times (\nabla \phi) = \boldsymbol{0} \tag{6.46}$$

$$\nabla \cdot (\nabla \times \boldsymbol{W}) = 0 \tag{6.47}$$

が言えます. このように, ∇ 演算子による微分を演算する以前に, 恒等的にゼロとなることが示されました.

　次にベクトル恒等式

$$\boldsymbol{A} \times (\boldsymbol{B} \times \boldsymbol{C}) = \boldsymbol{B}(\boldsymbol{A} \cdot \boldsymbol{C}) - \boldsymbol{C}(\boldsymbol{A} \cdot \boldsymbol{B}) \tag{6.48}$$

を用いた場合を考えてみましょう. このベクトル恒等式において, $\boldsymbol{A}$ と $\boldsymbol{B}$ を ∇ に, $\boldsymbol{C}$ を $\boldsymbol{W}$ に置き換えると,

$$\nabla \times (\nabla \times \boldsymbol{W}) = \nabla(\nabla \cdot \boldsymbol{W}) - \boldsymbol{W}(\nabla \cdot \nabla) \tag{6.49}$$

となります. 右辺第 2 項の $\boldsymbol{W}(\nabla \cdot \nabla)$ が計算できなくなってしまい, ちょっとおかしいです. そこで, 式 (6.48) においてスカラー積の位置が

$$\boldsymbol{A} \times (\boldsymbol{B} \times \boldsymbol{C}) = \boldsymbol{B}(\boldsymbol{A} \cdot \boldsymbol{C}) - (\boldsymbol{A} \cdot \boldsymbol{B})\boldsymbol{C} \tag{6.50}$$

としても問題がないことを利用してみましょう. このようにすると, 式 (6.49) は

$$\nabla \times (\nabla \times \boldsymbol{W}) = \nabla(\nabla \cdot \boldsymbol{W}) - (\nabla \cdot \nabla)\boldsymbol{W}$$
$$= \nabla(\nabla \cdot \boldsymbol{W}) - \nabla^2 \boldsymbol{W}$$

となります．他の式 (6.40) と (6.42) については演算の結果がそれぞれスカラー場，ベクトル場になることは，これまで述べてきたことよりわかるでしょう．以上の結果をまとめると，

$$\nabla \cdot (\nabla \phi) = \nabla^2 \phi = スカラー場 \tag{6.51}$$

$$\nabla \times (\nabla \phi) = \boldsymbol{0} \tag{6.52}$$

$$\nabla (\nabla \cdot \boldsymbol{W}) = ベクトル場 \tag{6.53}$$

$$\nabla \cdot (\nabla \times \boldsymbol{W}) = 0 \tag{6.54}$$

$$\nabla \times (\nabla \times \boldsymbol{W}) = \nabla (\nabla \cdot \boldsymbol{W}) - \nabla^2 \boldsymbol{W} = ベクトル場 \tag{6.55}$$

となります．このベクトル恒等式のうち，式 (6.54) から次のことが言えます．

> **ベクトル恒等式の定理**
> もしベクトル場 $\boldsymbol{B}$ が $\nabla \cdot \boldsymbol{B} = 0$ を満たすなら，ベクトル場 $\boldsymbol{B}$ はベクトル $\boldsymbol{A}$ の回転 $\boldsymbol{B} = \nabla \times \boldsymbol{A}$ で表現できる．

このベクトル $\boldsymbol{A}$ のことを**ベクトルポテンシャル**と言い，電磁気学では重要なものになってきますので，頭の中に入れておきましょう．

また，式 (6.55) のベクトル恒等式で新しく ∇^2 という演算子が現れています．これは，∇ 演算子同士の内積を表すもので，ラプラス演算子（ラプラシアン）と言われるものです．ラプラス演算子については，次で取り扱うことにしましょう．

66 ▷ 第Ⅱ部　ベクトルを演算してみよう

◆４◆ ラプラス演算子

　ここでは，先に登場したラプラス演算子について解説します．ただし，ここでは
直交座標系におけるラプラス演算子を取り扱うだけにとどめます．他の座標系につ
いては話が複雑になってきますので，後の章でまとめて触れることにしましょう．

▶ラプラス演算子がスカラー場に作用する場合

　式 (6.51) の中にある ∇^2 を考えます．これは直交座標系において，

$$
\nabla^2 \phi = \nabla \cdot (\nabla \phi)
$$
$$
= \left(\frac{\partial}{\partial x}, \frac{\partial}{\partial y}, \frac{\partial}{\partial z} \right) \cdot \left(\frac{\partial \phi}{\partial x}, \frac{\partial \phi}{\partial y}, \frac{\partial \phi}{\partial z} \right)
$$
$$
= \left(\frac{\partial^2}{\partial x^2} + \frac{\partial^2}{\partial y^2} + \frac{\partial^2}{\partial z^2} \right) \phi \tag{6.56}
$$

と書くことができます．したがって，演算子 ∇^2 は

$$
\nabla^2 = \frac{\partial^2}{\partial x^2} + \frac{\partial^2}{\partial y^2} + \frac{\partial^2}{\partial z^2} \tag{6.57}
$$

で定義することができます．この新しい演算子を**ラプラス演算子**（または，ラプラ
シアン）と言い，$\triangle$ と書く本もあります．これは，あたかもベクトル演算子同士の
内積をとった結果，

$$
\nabla \cdot \nabla = \nabla^2
$$
$$
= \left(\frac{\partial}{\partial x}, \frac{\partial}{\partial y}, \frac{\partial}{\partial z} \right) \cdot \left(\frac{\partial}{\partial x}, \frac{\partial}{\partial y}, \frac{\partial}{\partial z} \right) \tag{6.58}
$$
$$
= \frac{\partial^2}{\partial x^2} + \frac{\partial^2}{\partial y^2} + \frac{\partial^2}{\partial z^2}
$$

のように見えます．しかし，これが成り立つのは直交座標系のみで，円筒座標系や
極座標系では非常に複雑な形になってきます．他の座標系については，後ほどまと
めて示すことにします．

これは，計算結果がスカラーになりますのでスカラー演算子です．スカラー演算子であるため，スカラーやベクトルに作用することができます．スカラー場 ϕ に作用すると，次のようなスカラー場ができます．

$$
\begin{aligned}
\nabla^2 \phi &= \left(\frac{\partial^2}{\partial x^2} + \frac{\partial^2}{\partial y^2} + \frac{\partial^2}{\partial z^2} \right) \phi \\
&= \frac{\partial^2 \phi}{\partial x^2} + \frac{\partial^2 \phi}{\partial y^2} + \frac{\partial^2 \phi}{\partial z^2}
\end{aligned}
\tag{6.59}
$$

▶ ラプラス演算子がベクトル場に作用する場合

ラプラス演算子はベクトル場にも作用させることができます．それは任意のベクトル場を $\boldsymbol{A}$ としたときのベクトル恒等式

$$
\nabla \times \nabla \times \boldsymbol{A} = \nabla \left(\nabla \cdot \boldsymbol{A} \right) - \nabla^2 \boldsymbol{A}
\tag{6.60}
$$

の右辺第 2 項に現れてきます．右辺第 2 項について整理すると，

$$
\nabla^2 \boldsymbol{A} = \nabla \left(\nabla \cdot \boldsymbol{A} \right) - \nabla \times \nabla \times \boldsymbol{A}
\tag{6.61}
$$

となり，右辺は発散と回転で構成されていることがわかります．実際に発散と回転を代入して計算してみると，以下のようになります．

$$
\begin{aligned}
\nabla^2 \boldsymbol{A} = \nabla \left(\frac{\partial A_x}{\partial x} + \frac{\partial A_y}{\partial y} + \frac{\partial A_z}{\partial z} \right) - \nabla \times \left[\left(\frac{\partial A_z}{\partial y} - \frac{\partial A_y}{\partial z} \right) \boldsymbol{e}_x \right. \\
\left. + \left(\frac{\partial A_x}{\partial z} - \frac{\partial A_z}{\partial x} \right) \boldsymbol{e}_y + \left(\frac{\partial A_y}{\partial x} - \frac{\partial A_x}{\partial y} \right) \boldsymbol{e}_z \right]
\end{aligned}
\tag{6.62}
$$

x 成分に注目して計算を進めていくと，以下のように展開することができます．

$$
\begin{aligned}
\nabla^2 \boldsymbol{A} \mid_x &= \frac{\partial}{\partial x} \left(\frac{\partial A_x}{\partial x} + \frac{\partial A_y}{\partial y} + \frac{\partial A_z}{\partial z} \right) \\
&\quad - \left[\frac{\partial}{\partial y} \left(\frac{\partial A_y}{\partial x} - \frac{\partial A_x}{\partial y} \right) - \frac{\partial}{\partial z} \left(\frac{\partial A_x}{\partial z} - \frac{\partial A_z}{\partial x} \right) \right] \\
&= \frac{\partial^2 A_x}{\partial x^2} + \frac{\partial^2 A_y}{\partial x \partial y} + \frac{\partial^2 A_z}{\partial x \partial z} - \frac{\partial^2 A_y}{\partial x \partial y} + \frac{\partial^2 A_x}{\partial y^2} + \frac{\partial^2 A_x}{\partial z^2} - \frac{\partial^2 A_z}{\partial x \partial z} \\
&= \frac{\partial^2 A_x}{\partial x^2} + \frac{\partial^2 A_x}{\partial y^2} + \frac{\partial^2 A_x}{\partial z^2}
\end{aligned}
$$

$$= \nabla^2 A_x \tag{6.63}$$

同様に y 成分と z 成分についても計算を行うと，対称性から以下のようになります．

$$\nabla^2 \boldsymbol{A} \mid_y = \frac{\partial^2 A_y}{\partial x^2} + \frac{\partial^2 A_y}{\partial y^2} + \frac{\partial^2 A_y}{\partial z^2}$$
$$= \nabla^2 A_y \tag{6.64}$$
$$\nabla^2 \boldsymbol{A} \mid_z = \frac{\partial^2 A_z}{\partial x^2} + \frac{\partial^2 A_z}{\partial y^2} + \frac{\partial^2 A_z}{\partial z^2}$$
$$= \nabla^2 A_z \tag{6.65}$$

したがって，

$$\nabla^2 \boldsymbol{A} = \left(\frac{\partial^2 A_x}{\partial x^2} + \frac{\partial^2 A_x}{\partial y^2} + \frac{\partial^2 A_x}{\partial z^2} \right) \boldsymbol{e}_x + \left(\frac{\partial^2 A_y}{\partial x^2} + \frac{\partial^2 A_y}{\partial y^2} + \frac{\partial^2 A_y}{\partial z^2} \right) \boldsymbol{e}_y$$
$$+ \left(\frac{\partial^2 A_z}{\partial x^2} + \frac{\partial^2 A_z}{\partial y^2} + \frac{\partial^2 A_z}{\partial z^2} \right) \boldsymbol{e}_z$$
$$= \nabla^2 A_x \boldsymbol{e}_x + \nabla^2 A_y \boldsymbol{e}_y + \nabla^2 A_z \boldsymbol{e}_z \tag{6.66}$$

となります．この結果は非常に見通しがよく，綺麗な形をしていますが，この結果は直交座標系に限ったことであり，他の座標系では非常に複雑になってきます．それらについては次章で示すことにします．

⑤ ベクトル場の特徴を決めるものは？

さて、ここまでのお話でベクトル場には発散と回転が存在することがわかりました。ここではベクトル場を特徴付ける便利な定理を紹介します。

> **ヘルムホルツの分解定理**
>
> あるベクトル場 $\boldsymbol{V}$ は、スカラーポテンシャル ϕ の勾配と、ベクトルポテンシャル $\boldsymbol{A}$ の回転の和で一意に表現することができる。つまり、
>
> $$\boldsymbol{V} = -\nabla\phi + \nabla \times \boldsymbol{A} \tag{6.67}$$
>
> である。

この定理は、任意のベクトル場は渦なしの場と渦ありの場でできていると言っています[注2]。渦なしの場とは、その言葉のとおりベクトル場に回転成分がない場合、つまり式 (6.67) の発散を計算して、

$$\nabla \cdot \boldsymbol{V} = -\nabla^2\phi + \nabla \cdot (\nabla \times \boldsymbol{A})$$
$$= -\nabla^2\phi \neq 0$$

となることから、発散のみで構成されることがわかります。一方、式 (6.67) の回転を計算すると、

$$\nabla \times \boldsymbol{V} = -\nabla \times \nabla + \nabla \times \nabla \boldsymbol{A}$$
$$= \nabla \times \nabla \boldsymbol{A} \neq \boldsymbol{0}$$

となることから、渦ありとは発散成分がなく回転成分のみで構成されることがわかります。

注2　ただし、ここで取り扱うベクトル場が、無限遠で $\frac{1}{r}$（r は座標原点からの距離）より早く 0 に収束し、かつその発散と回転の大きさが $\frac{1}{r^2}$ より早く 0 に収束する場合に限ります。

第 **7** 章

いろいろな座標系で考えよう

1　座標系とは？

2　直交座標系 (x, y, z)

3　円筒座標系 (r, ϕ, z)

4　極座標系 (r, θ, ϕ)

座標系とは？

　これまでの章では，ベクトルとはなにか，その定義と取り扱いについて説明してきました．特にその中で，私たちが生活している空間には，特別な座標軸（原点）というものは存在しないと述べました．つまりこれは，座標軸（原点）は問題を解きやすいように自由に設定してもよいということになります．ある空間に存在する物体の位置を明確に決定するためには，座標系を定義することが必要になります．これは，物体が置かれている空間に対して基準となる目盛や方向を決めることに相当します．この座標系を問題に応じて適切に決めることによって，物体の位置のみならず，方向を持つ物理量（ベクトル）も明確に記述できるようになります．

　本書では，まず簡単のため最もシンプルな座標系として各座標軸が原点で互いに直交している直交座標系についてのみ触れてきました．しかし，どのような座標系を設定するかは問題を解く私たちが問題に応じて適切に選択する必要があります．そういった意味で，与えられた問題に対して一番適した座標系の選択ができることは，後々とても重要になってきます．

　本章では，改めて直交座標系の定義を復習し，それを基に電磁気学で多く用いられる円筒座標系と極座標系について考えてみます．

2 直交座標系 (x, y, z)

▶ 直交座標系の定義

　任意の空間上にある点 P の位置を一意に記述する方法を考えてみましょう．これは例えて言うなら，部屋の天井からぶら下がっている照明の位置を指定することに等しいです．部屋の中での照明の位置を一意に示すには，部屋の床面にある四隅のいずれかを基準（原点）として（天井の四隅のいずれかを基準（原点）にしてもよい），縦方向に何 m，横方向に何 m，高さ何 m として指定するのが簡単でわかりやすいですね．図 7.1 のように，空間を立方体と捉え，原点から伸びる 3 つの直交した軸（x 軸，y 軸，z 軸）を用いる座標系を**直交座標系**と言います．また，$x-y$ 平面に対して z 軸の正方向をどちらの方向にとるかについての任意性が残っていますが，図 7.1 に示すような決め方を**右手系**と言い，反対とした場合を**左手系**と言います．本書では特に断りがない限り右手系で議論していきます．

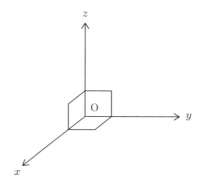

図 7.1　直交座標系（右手系）

▶ 直交座標系での様々な微分演算

　これまでの章で，直交座標系における ∇ 演算子の定義とスカラー場およびベクトル場が作用した際の演算について議論してきました．結果として直交座標系における ∇ 演算子の計算は座標系の対称性から，非常に取り扱いがしやすいものとなりました．しかし，本章で取り扱う円筒座標系と極座標系は，球面の要素が入って

くるため非常に複雑な形になってきます．そこでここでは，改めて直交座標系における様々な ∇ 演算子を伴う演算をまとめ，それを基に円筒座標系および極座標系の取り扱いに議論を発展させていきます．

直交座標系における勾配

$$\nabla\phi = \frac{\partial\phi}{\partial x}e_x + \frac{\partial\phi}{\partial y}e_y + \frac{\partial\phi}{\partial z}e_z \tag{7.1}$$

直交座標系における発散

$$\nabla\cdot\boldsymbol{A} = \frac{\partial A_x}{\partial x} + \frac{\partial A_y}{\partial y} + \frac{\partial A_z}{\partial z} \tag{7.2}$$

直交座標系における回転

$$\nabla\times\boldsymbol{A} = \left(\frac{\partial A_z}{\partial y} - \frac{\partial A_y}{\partial z}\right)e_x + \left(\frac{\partial A_x}{\partial z} - \frac{\partial A_z}{\partial x}\right)e_y + \left(\frac{\partial A_y}{\partial x} - \frac{\partial A_x}{\partial y}\right)e_z \tag{7.3}$$

ラプラス演算子がスカラー場に作用する場合

$$\nabla^2\phi = \frac{\partial^2\phi}{\partial x^2} + \frac{\partial^2\phi}{\partial y^2} + \frac{\partial^2\phi}{\partial z^2} \tag{7.4}$$

ラプラス演算子がベクトル場に作用する場合

$$\nabla^2\boldsymbol{A} = \left(\frac{\partial^2 A_x}{\partial x^2} + \frac{\partial^2 A_x}{\partial y^2} + \frac{\partial^2 A_x}{\partial z^2}\right)e_x + \left(\frac{\partial^2 A_y}{\partial x^2} + \frac{\partial^2 A_y}{\partial y^2} + \frac{\partial^2 A_y}{\partial z^2}\right)e_y$$
$$+ \left(\frac{\partial^2 A_z}{\partial x^2} + \frac{\partial^2 A_z}{\partial y^2} + \frac{\partial^2 A_z}{\partial z^2}\right)e_z \tag{7.5}$$

円筒座標系 (r, ϕ, z)

▶ 円筒座標系の定義

　円筒座標系はその名のとおり，筒状のものや線状のものを扱う場合に都合がよいです．例えば，一直線に伸びた電線を流れる電流を考える場合などです．円筒座標系では，図 7.2 のように $x-y$ 平面に半径 r $(0 \leq r \leq \infty)$ の円を描きます．すると，r は z 軸からの距離を表すことになります．さらに，x 軸から y 軸方向に反時計回りになるように角度 ϕ $(0 \leq \phi \leq 2\pi)$ を定めてあげると，3 つの変数 (r, ϕ, z) を決めることにより，円筒形状の軌跡を持つ任意の点 P の位置を定めることができます．ここでの z は直交座標系における z と等しいです．この変数 (r, ϕ, z) で空間の点を一意に決める座標系を**円筒座標系**と言います．

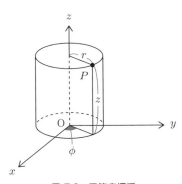

図 7.2 円筒座標系

　それでは直交座標系を基に，円筒座標系について考えていきましょう．

直交座標系から円筒座標系への座標変換
座標と単位ベクトルの変換

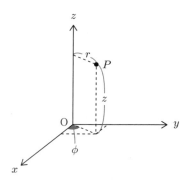

図 7.3 直交座標系と円筒座標系の関係

図 7.3 から，$z = 0$ の平面において直交座標系の x および y は，原点からの距離 r と x 軸からの角度 ϕ との間に以下の関係があることがわかります．

$$\begin{cases} x = r\cos\phi \\ y = r\sin\phi \end{cases} \tag{7.6}$$

したがって，ベクトル r は直交座標系の単位ベクトル e_x, e_y を用いて以下のように書くことができます．

$$\boldsymbol{r} = r\cos\phi\,\boldsymbol{e}_x + r\sin\phi\,\boldsymbol{e}_y \tag{7.7}$$

また，角度 ϕ と動径長 r は x と y を用いて，

$$\begin{cases} \phi = \tan^{-1}\left(\dfrac{y}{x}\right) \\ r = \sqrt{x^2 + y^2} \end{cases} \tag{7.8}$$

と書くことができます．
次に，円筒座標系における単位ベクトル $\boldsymbol{e}_r, \boldsymbol{e}_\phi, \boldsymbol{e}_z$ はそれぞれ，

$$\boldsymbol{e}_r = \frac{\partial \boldsymbol{r}}{\partial r} \bigg/ \left|\frac{\partial \boldsymbol{r}}{\partial r}\right|, \quad \boldsymbol{e}_\phi = \frac{\partial \boldsymbol{r}}{\partial \phi} \bigg/ \left|\frac{\partial \boldsymbol{r}}{\partial \phi}\right|, \quad \boldsymbol{e}_z = \boldsymbol{e}_z \tag{7.9}$$

から求めることができます．この計算を行うと，

$$
\begin{cases}
\boldsymbol{e}_r = \cos\phi\,\boldsymbol{e}_x + \sin\phi\,\boldsymbol{e}_y \\
\boldsymbol{e}_\phi = -\sin\phi\,\boldsymbol{e}_x + \cos\phi\,\boldsymbol{e}_y \\
\boldsymbol{e}_z = \boldsymbol{e}_z
\end{cases}
\tag{7.10}
$$

となり，以上の結果を行列を用いて表現すると，

$$
\begin{pmatrix} \boldsymbol{e}_r \\ \boldsymbol{e}_\phi \\ \boldsymbol{e}_z \end{pmatrix} = \begin{pmatrix} \cos\phi & \sin\phi & 0 \\ -\sin\phi & \cos\phi & 0 \\ 0 & 0 & 1 \end{pmatrix} \begin{pmatrix} \boldsymbol{e}_x \\ \boldsymbol{e}_y \\ \boldsymbol{e}_z \end{pmatrix}
\tag{7.11}
$$

と書くことができます．この行列部分は直交座標系から円筒座標系への座標変換に対応しています．またこの行列部分を $\boldsymbol{A}$ とし，行列式を計算すると，

$$
\det\boldsymbol{A} = \cos^2\phi + \sin^2\phi = 1
\tag{7.12}
$$

となることがわかります．これはすなわち，$\boldsymbol{A}$ の逆行列 $\boldsymbol{A}^{-1}$ は $\boldsymbol{A}$ の転置行列 $\boldsymbol{A}^t$ に等しいため，対角成分に対して対称に要素を入れ替えれば逆行列が求まることを意味しています．つまり，円筒座標系から直交座標系への逆変換の式は，

$$
\begin{pmatrix} \boldsymbol{e}_x \\ \boldsymbol{e}_y \\ \boldsymbol{e}_z \end{pmatrix} = \begin{pmatrix} \cos\phi & -\sin\phi & 0 \\ \sin\phi & \cos\phi & 0 \\ 0 & 0 & 1 \end{pmatrix} \begin{pmatrix} \boldsymbol{e}_r \\ \boldsymbol{e}_\phi \\ \boldsymbol{e}_z \end{pmatrix}
\tag{7.13}
$$

となることがわかります．

▽ 演算子の変換

直交座標系における単位ベクトルと円筒座標系における単位ベクトルの関係がわかったので，次に ∇ 演算子の関係を考えてみましょう．ある関数 $f(r,\phi,z)$ を x で偏微分する場合，偏微分の式は多変数関数の微分における連鎖律より，

$$
\frac{\partial f}{\partial x} = \frac{\partial r}{\partial x}\frac{\partial f}{\partial r} + \frac{\partial \phi}{\partial x}\frac{\partial f}{\partial \phi} + \frac{\partial z}{\partial x}\frac{\partial f}{\partial z}
\tag{7.14}
$$

と書くことができます．f はただのスカラー量なので，f で括ってあげると偏微分演算子は

$$\frac{\partial}{\partial x} = \frac{\partial r}{\partial x}\frac{\partial}{\partial r} + \frac{\partial \phi}{\partial x}\frac{\partial}{\partial \phi} + \frac{\partial z}{\partial x}\frac{\partial}{\partial z} \tag{7.15}$$

となります．ここで上式における演算子の係数部分は，式 (7.8) のような関係があるので，微分することが可能です．実際にこの微分を実行すると，以下のようになります．

$$\begin{cases} \dfrac{\partial r}{\partial x} = \dfrac{\partial}{\partial x}\left(\sqrt{x^2 + y^2}\right) = \dfrac{x}{\sqrt{x^2 + y^2}} = \dfrac{r\cos\phi}{r} = \cos\phi \\[3mm] \dfrac{\partial \phi}{\partial x} = \dfrac{\partial}{\partial x}\left[\tan^{-1}\left(\dfrac{y}{x}\right)\right] = \dfrac{1}{\left(\frac{y}{x}\right)^2 + 1}\dfrac{\partial}{\partial x}\left(\dfrac{y}{x}\right) = -\dfrac{\sin\phi}{r} \\[3mm] \dfrac{\partial z}{\partial x} = 0 \end{cases} \tag{7.16}$$

この結果より，

$$\frac{\partial}{\partial x} = \cos\phi\frac{\partial}{\partial r} - \frac{\sin\phi}{r}\frac{\partial}{\partial \phi} \tag{7.17}$$

となります．同様に $\frac{\partial}{\partial y}$ についても計算すると以下のようになります．

$$\frac{\partial}{\partial y} = \sin\phi\frac{\partial}{\partial r} + \frac{\cos\phi}{r}\frac{\partial}{\partial \phi} \tag{7.18}$$

z 方向の微分は直交座標系と同様に $\dfrac{\partial}{\partial z}$ で与えられるので，以上の結果を行列表示すると，以下のようにまとめることができます．

$$\begin{pmatrix} \frac{\partial}{\partial x} \\[2mm] \frac{\partial}{\partial y} \\[2mm] \frac{\partial}{\partial z} \end{pmatrix} = \begin{pmatrix} \cos\phi & -\sin\phi & 0 \\ \sin\phi & \cos\phi & 0 \\ 0 & 0 & 1 \end{pmatrix} \begin{pmatrix} \frac{\partial}{\partial r} \\[2mm] \frac{1}{r}\frac{\partial}{\partial \phi} \\[2mm] \frac{\partial}{\partial z} \end{pmatrix} \tag{7.19}$$

ここで，係数行列となる部分を，

$$\boldsymbol{A} = \begin{pmatrix} \cos\phi & -\sin\phi & 0 \\ \sin\phi & \cos\phi & 0 \\ 0 & 0 & 1 \end{pmatrix} \tag{7.20}$$

とおきます.

　直交座標系と円筒座標系における ∇ 演算子の関係が求まりましたので，直交座標系における ∇ 演算子から円筒座標系における ∇ 演算子を求めてみましょう．直交座標系における ∇ 演算子は以下の式で与えられました.

$$\nabla = \frac{\partial}{\partial x}\boldsymbol{e}_x + \frac{\partial}{\partial y}\boldsymbol{e}_y + \frac{\partial}{\partial z}\boldsymbol{e}_z \tag{7.21}$$

　ここで，先ほど求めた直交座標から円筒座標系への変換行列を利用して座標変換を行うと，以下のようになります.

$$\begin{pmatrix} \boldsymbol{e}_x & \boldsymbol{e}_y & \boldsymbol{e}_z \end{pmatrix} \begin{pmatrix} \frac{\partial}{\partial x} \\ \frac{\partial}{\partial y} \\ \frac{\partial}{\partial z} \end{pmatrix} = \begin{pmatrix} \boldsymbol{e}_r & \boldsymbol{e}_\phi & \boldsymbol{e}_z \end{pmatrix} \boldsymbol{A}^{-1}\boldsymbol{A} \begin{pmatrix} \frac{\partial}{\partial r} \\ \frac{1}{r}\frac{\partial}{\partial \phi} \\ \frac{\partial}{\partial z} \end{pmatrix} \tag{7.22}$$

　$\boldsymbol{A}^{-1}\boldsymbol{A}$ は単位行列になることから，円筒座標系における ∇ 演算子は

$$\nabla = \frac{\partial}{\partial r}\boldsymbol{e}_r + \frac{1}{r}\frac{\partial}{\partial \phi}\boldsymbol{e}_\phi + \frac{\partial}{\partial z}\boldsymbol{e}_z \tag{7.23}$$

となることがわかりました.

単位ベクトルの微分

　直交座標系において単位ベクトルの各成分についての微分はゼロとなりますが，円筒座標系においては球面要素が入ってくるためゼロにならない成分が出てきます．円筒座標系における単位ベクトルと直交座標系における単位ベクトルの間には，式 (7.10) の関係があるので，それぞれを r, ϕ, z で偏微分し，円筒座標系における単位ベクトルに書き直すと，

$$\begin{cases} \dfrac{\partial \boldsymbol{e}_r}{\partial r} = 0 \\[2mm] \dfrac{\partial \boldsymbol{e}_r}{\partial \phi} = -\sin\phi\,\boldsymbol{e}_x + \cos\phi\,\boldsymbol{e}_y = \boldsymbol{e}_\phi \\[2mm] \dfrac{\partial \boldsymbol{e}_r}{\partial z} = 0 \\[2mm] \dfrac{\partial \boldsymbol{e}_\phi}{\partial r} = 0 \\[2mm] \dfrac{\partial \boldsymbol{e}_\phi}{\partial \phi} = -\cos\phi\,\boldsymbol{e}_x - \sin\phi\,\boldsymbol{e}_y = -\boldsymbol{e}_r \\[2mm] \dfrac{\partial \boldsymbol{e}_\phi}{\partial z} = 0 \\[2mm] \dfrac{\partial \boldsymbol{e}_z}{\partial r} = 0 \\[2mm] \dfrac{\partial \boldsymbol{e}_z}{\partial \phi} = 0 \\[2mm] \dfrac{\partial \boldsymbol{e}_z}{\partial z} = 0 \end{cases} \tag{7.24}$$

という関係が得られます．以上の結果より，円筒座標系においては単位ベクトルの座標微分も値を持つことがわかります．これらは後に発散および回転を計算するときに重要になってきます．

単位ベクトル同士のスカラー積とベクトル積

　円筒座標系における単位ベクトルのスカラー積とベクトル積の関係を見ておきましょう．円筒座標系においても r, ϕ, z は互いに直交していますので，スカラー積については以下の関係が言えます．

$$\begin{aligned} \boldsymbol{e}_r \cdot \boldsymbol{e}_r &= \boldsymbol{e}_\phi \cdot \boldsymbol{e}_\phi = \boldsymbol{e}_z \cdot \boldsymbol{e}_z = 1 \\ \boldsymbol{e}_r \cdot \boldsymbol{e}_\phi &= \boldsymbol{e}_r \cdot \boldsymbol{e}_z = \boldsymbol{e}_\phi \cdot \boldsymbol{e}_z = 0 \end{aligned} \tag{7.25}$$

　ベクトル積については以下のような関係になり，$r \to \phi \to z$ の順で右手系になっています．左辺の順序が逆の場合は右辺にマイナスが付くことになります．

$$\begin{aligned} \boldsymbol{e}_r \times \boldsymbol{e}_\phi &= \boldsymbol{e}_z \\ \boldsymbol{e}_\phi \times \boldsymbol{e}_z &= \boldsymbol{e}_r \\ \boldsymbol{e}_z \times \boldsymbol{e}_r &= \boldsymbol{e}_\phi \end{aligned} \tag{7.26}$$

第7章　いろいろな座標系で考えよう 81

円筒座標系での様々な微分演算

　直交座標系と円筒座標系における単位ベクトルと ∇ 演算子の変換行列および単位ベクトルの微分が求まったので，勾配・発散・回転・スカラーラプラス演算子・ベクトルラプラス演算子の計算が可能になります．それでは，実際に円筒座標系における微分演算を行ってみましょう．

円筒座標系における勾配

　勾配は ∇ 演算子にスカラー場 f を作用させればよいので，以下のようになります．

$$\nabla f = \frac{\partial f}{\partial r}\boldsymbol{e}_r + \frac{1}{r}\frac{\partial f}{\partial \phi}\boldsymbol{e}_\phi + \frac{\partial f}{\partial z}\boldsymbol{e}_z \tag{7.27}$$

円筒座標系における発散

　円筒座標系における発散を計算したいので，任意のベクトル場 $\boldsymbol{A}$ の円筒座標系における成分表記を以下のように書きます．

$$\boldsymbol{A} = (A_r\boldsymbol{e}_r + A_\phi\boldsymbol{e}_\phi + A_z\boldsymbol{e}_z) \tag{7.28}$$

　円筒座標系における ∇ 演算子とこのベクトル場 $\boldsymbol{A}$ とのスカラー積をとることで発散が求まるので，以下のようになります．

$$\nabla \cdot \boldsymbol{A} = \left(\boldsymbol{e}_r\frac{\partial}{\partial r} + \boldsymbol{e}_\phi\frac{1}{r}\frac{\partial}{\partial \phi} + \boldsymbol{e}_z\frac{\partial}{\partial z}\right) \cdot (A_r\boldsymbol{e}_r + A_\phi\boldsymbol{e}_\phi + A_z\boldsymbol{e}_z) \tag{7.29}$$

ここで，∇ 演算子に出てくる各単位ベクトル $\boldsymbol{e}_r, \boldsymbol{e}_\phi, \boldsymbol{e}_z$ は微分の対象とならないことから，混乱を避けるため微分演算子の左側に書いています．単位ベクトル同士のスカラー積と単位ベクトルの微分について注意しながらこの式を展開すると，以下のようになります．

$$\nabla \cdot \boldsymbol{A} = \boldsymbol{e}_r\frac{\partial}{\partial r} \cdot (A_r\boldsymbol{e}_r + A_\phi\boldsymbol{e}_\phi + A_z\boldsymbol{e}_z) + \boldsymbol{e}_\phi\frac{1}{r}\frac{\partial}{\partial r} \cdot (A_r\boldsymbol{e}_r + A_\phi\boldsymbol{e}_\phi + A_z\boldsymbol{e}_z)$$
$$+ \boldsymbol{e}_z\frac{\partial}{\partial z} \cdot (A_r\boldsymbol{e}_r + A_\phi\boldsymbol{e}_\phi + A_z\boldsymbol{e}_z)$$

$$
\begin{aligned}
&= \boldsymbol{e}_r \frac{\partial}{\partial r}\left(A_r \boldsymbol{e}_r\right) + \boldsymbol{e}_r \frac{\partial}{\partial r}\left(A_\phi \boldsymbol{e}_\phi\right) + \boldsymbol{e}_r \frac{\partial}{\partial r}\left(A_z \boldsymbol{e}_z\right) \\
&\quad + \boldsymbol{e}_\phi \frac{1}{r}\frac{\partial}{\partial \phi}\left(A_r \boldsymbol{e}_r\right) + \boldsymbol{e}_\phi \frac{1}{r}\frac{\partial}{\partial \phi}\left(A_\phi \boldsymbol{e}_\phi\right) + \boldsymbol{e}_\phi \frac{1}{r}\frac{\partial}{\partial \phi}\left(A_z \boldsymbol{e}_z\right) \\
&\quad + \boldsymbol{e}_z \frac{\partial}{\partial z}\left(A_r \boldsymbol{e}_r\right) + \boldsymbol{e}_z \frac{\partial}{\partial z}\left(A_\phi \boldsymbol{e}_\phi\right) + \boldsymbol{e}_z \frac{\partial}{\partial z}\left(A_z \boldsymbol{e}_z\right) \\
&= \frac{\partial A_r}{\partial r} + \frac{1}{r}A_r + \frac{1}{r}A_r\frac{\partial A_\phi}{\partial \phi} + \frac{\partial A_z}{\partial z} \\
&= \frac{1}{r}\frac{\partial}{\partial r}\left(rA_r\right) + \frac{1}{r}\frac{\partial A_\phi}{\partial \phi} + \frac{\partial A_z}{\partial z}
\end{aligned}
\tag{7.30}
$$

以上が円筒座標系における発散になります.

円筒座標系における回転

　次に円筒座標系における回転を求めてみましょう. 発散を求めたときと同様にベクトル場 $\boldsymbol{A}$ の成分表記を用いて以下のように回転を計算していきます.

$$
\begin{aligned}
\nabla \times \boldsymbol{A} &= \left(\boldsymbol{e}_r \frac{\partial}{\partial r} + \boldsymbol{e}_\phi \frac{1}{r}\frac{\partial}{\partial \phi} + \boldsymbol{e}_z \frac{\partial}{\partial z}\right) \times \left(A_r \boldsymbol{e}_r + A_\phi \boldsymbol{e}_\phi + A_z \boldsymbol{e}_z\right) \\
&= \boldsymbol{e}_r \frac{\partial}{\partial r} \times \left(A_r \boldsymbol{e}_r + A_\phi \boldsymbol{e}_\phi + A_z \boldsymbol{e}_z\right) \\
&\quad + \boldsymbol{e}_\phi \frac{1}{r}\frac{\partial}{\partial \phi} \times \left(A_r \boldsymbol{e}_r + A_\phi \boldsymbol{e}_\phi + A_z \boldsymbol{e}_z\right) \\
&\quad + \boldsymbol{e}_z \frac{\partial}{\partial z} \times \left(A_r \boldsymbol{e}_r + A_\phi \boldsymbol{e}_\phi + A_z \boldsymbol{e}_z\right)
\end{aligned}
\tag{7.31}
$$

　単位ベクトル同士のベクトル積と, 単位ベクトルの微分に注意しながら計算を進めて r, ϕ, z 成分について整理すると, 以下のようにまとまります.

$$
\begin{aligned}
\nabla \times \boldsymbol{A} &= \left(\frac{1}{r}\frac{\partial A_z}{\partial \phi} - \frac{\partial A_\phi}{\partial z}\right)\boldsymbol{e}_r + \left(\frac{\partial A_r}{\partial z} - \frac{\partial A_z}{\partial r}\right)\boldsymbol{e}_\phi \\
&\quad + \left(\frac{\partial A_\phi}{\partial r} + \frac{1}{r}A_\phi - \frac{1}{r}\frac{\partial A_r}{\partial \phi}\right)\boldsymbol{e}_z \\
&= \left(\frac{1}{r}\frac{\partial A_z}{\partial \phi} - \frac{\partial A_\phi}{\partial z}\right)\boldsymbol{e}_r + \left(\frac{\partial A_r}{\partial z} - \frac{\partial A_z}{\partial r}\right)\boldsymbol{e}_\phi \\
&\quad + \frac{1}{r}\left(\frac{\partial}{\partial r}\left(rA_\phi\right) - \frac{\partial A_r}{\partial \phi}\right)\boldsymbol{e}_z
\end{aligned}
\tag{7.32}
$$

これが円筒座標系における回転です.

第7章 いろいろな座標系で考えよう 83

ラプラス演算子がスカラー場に作用する場合

任意のスカラー場 f に作用するラプラス演算子は，$\nabla^2 f = \nabla \cdot (\nabla f)$ と書くことができ，スカラー場 f の勾配の発散と考えることができます．勾配はすでに式 (7.27) で求められているので，この発散を計算することでスカラー場に作用するラプラス演算子が求まります．ここでも，微分の対象となる変数と微分の順番を間違えないよう注意が必要です．

$$
\begin{aligned}
\nabla^2 f &= \left(\boldsymbol{e}_r \frac{\partial}{\partial r} + \boldsymbol{e}_\phi \frac{1}{r} \frac{\partial}{\partial \phi} + \boldsymbol{e}_z \frac{\partial}{\partial z} \right) \cdot \left(\boldsymbol{e}_r \frac{\partial f}{\partial r} + \boldsymbol{e}_\phi \frac{1}{r} \frac{\partial f}{\partial \phi} + \boldsymbol{e}_z \frac{\partial f}{\partial z} \right) \\
&= \boldsymbol{e}_r \frac{\partial}{\partial r} \cdot \left(\boldsymbol{e}_r \frac{\partial f}{\partial r} + \boldsymbol{e}_\phi \frac{1}{r} \frac{\partial f}{\partial \phi} + \boldsymbol{e}_z \frac{\partial f}{\partial z} \right) \\
&\quad + \boldsymbol{e}_\phi \frac{1}{r} \frac{\partial}{\partial \phi} \cdot \left(\boldsymbol{e}_r \frac{\partial f}{\partial r} + \boldsymbol{e}_\phi \frac{1}{r} \frac{\partial f}{\partial \phi} + \boldsymbol{e}_z \frac{\partial f}{\partial z} \right) \\
&\quad + \boldsymbol{e}_z \frac{\partial}{\partial z} \cdot \left(\boldsymbol{e}_r \frac{\partial f}{\partial r} + \boldsymbol{e}_\phi \frac{1}{r} \frac{\partial f}{\partial \phi} + \boldsymbol{e}_z \frac{\partial f}{\partial z} \right) \\
&= \frac{\partial^2 f}{\partial r^2} + \frac{1}{r} \frac{\partial f}{\partial r} + \frac{1}{r^2} \frac{\partial^2 f}{\partial \phi^2} + \frac{\partial^2 f}{\partial z^2} \\
&= \frac{1}{r} \frac{\partial}{\partial r} \left(r \frac{\partial f}{\partial r} \right) + \frac{1}{r^2} \frac{\partial^2 f}{\partial \phi^2} + \frac{\partial^2 f}{\partial z^2}
\end{aligned}
\tag{7.33}
$$

以上が円筒座標系においてスカラー場に作用するラプラス演算子です．

ラプラス演算子がベクトル場に作用する場合

円筒座標系においてベクトル場に作用するラプラス演算子は，直交座標系で求めた方法と同じくベクトル恒等式

$$
\nabla^2 \boldsymbol{A} = \nabla \left(\nabla \cdot \boldsymbol{A} \right) - \nabla \times \nabla \times \boldsymbol{A}
\tag{7.34}
$$

から求めることができます．これまでに求めた円筒座標系における発散の式 (7.30) と回転の式 (7.32) を右辺に代入します．

84 ▷ 第Ⅱ部 ベクトルを演算してみよう

$$\nabla^2 \boldsymbol{A} = \left\{ \nabla \left[\frac{1}{r} \frac{\partial}{\partial r} \left(r A_r \right) + \frac{1}{r} \frac{\partial A_\phi}{\partial \phi} + \frac{\partial A_z}{\partial z} \right] \right\}$$
$$- \left\{ \nabla \times \left[\left(\frac{1}{r} \frac{\partial A_z}{\partial \phi} - \frac{\partial A_\phi}{\partial z} \right) \boldsymbol{e}_r + \left(\frac{\partial A_r}{\partial z} - \frac{\partial A_z}{\partial r} \right) \boldsymbol{e}_\phi \right.\right.$$
$$\left.\left. + \frac{1}{r} \left(\frac{\partial}{\partial r} \left(r A_\phi \right) - \frac{\partial A_r}{\partial \phi} \right) \boldsymbol{e}_z \right] \right\} \tag{7.35}$$

　計算の途中過程は煩雑になりますが，ここでも微分の順序および単位行列の取り扱いに十分注意を払うと，以下の結果を得ます.

$$\nabla^2 \boldsymbol{A} = \left(\nabla^2 A_r - \frac{2}{r^2} \frac{\partial A_\phi}{\partial \phi} - \frac{A_r}{r^2} \right) \boldsymbol{e}_r + \left(\nabla^2 A_\phi + \frac{2}{r^2} \frac{\partial A_r}{\partial \phi} - \frac{A_\phi}{r^2} \right) \boldsymbol{e}_\phi$$
$$+ \left(\nabla^2 A_z \right) \boldsymbol{e}_z \tag{7.36}$$

　以上で円筒座標系における勾配・発散・回転・ラプラス演算子全てが求まりました.

4 極座標系 (r, θ, ϕ)

▶ 極座標系の定義

　直交座標系により直方体の形状を，円筒座標系により円筒形状を表現することが可能となりました．本章の最後として，電磁気学で頻繁に使われる座標系である極座標系について触れておきます．

　極座標系は，図 7.4 に示すように，3 つの変数 (r, θ, ϕ) を用いて 3 次元空間内にある点を一意に決定するものです．この 3 つの変数 (r, θ, ϕ) を用いることにより，球体形状を議論することができます．例えば，球状に電荷が分布している場合の空間の電磁場分布を考える場合などに有効になってきます．それでは，円筒座標系のときと同様のプロセスで直交座標系を基に極座標系について考えていくことにしましょう．

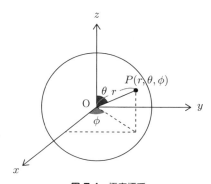

図 7.4 極座標系

直交座標系から極座標系への座標変換
座標と単位ベクトルの変換

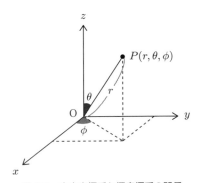

図 7.5 直交座標系と極座標系の関係

図 7.5 より，空間の任意の点の直交座標系における座標値 (x, y, z) は，原点からの距離 r $(0 \leq r \leq \infty)$，z 軸となす角 θ $(0 \leq \theta \leq \pi)$ および $x-y$ 平面への写像が x 軸となす角 ϕ $(0 \leq \phi \leq 2\pi)$ との間に，以下の関係を持ちます．

$$\begin{cases} x = r \sin\theta \cos\phi \\ y = r \sin\theta \sin\phi \\ z = r \cos\theta \end{cases} \tag{7.37}$$

また，逆に r, θ, ϕ について考えると，以下の関係が導かれます．

$$\begin{cases} r = \sqrt{x^2 + y^2 + z^2} \\ \theta = \tan^{-1}\left(\dfrac{\sqrt{x^2 + y^2}}{z}\right) \\ \phi = \tan^{-1}\left(\dfrac{y}{x}\right) \end{cases} \tag{7.38}$$

式 (7.37) より，直交座標系において成分表記した位置ベクトル $\boldsymbol{r}$ は次のように書くことができます．

$$\boldsymbol{r} = r \sin\theta \cos\phi \, \boldsymbol{e}_x + r \sin\theta \sin\phi \, \boldsymbol{e}_y + r \cos\theta \, \boldsymbol{e}_z \tag{7.39}$$

第 7 章　いろいろな座標系で考えよう　87

次に，極座標系における単位ベクトル e_r, e_θ, e_ϕ はそれぞれ，

$$
e_r = \frac{\partial \boldsymbol{r}}{\partial r} \Big/ \left| \frac{\partial \boldsymbol{r}}{\partial r} \right|, \quad
e_\theta = \frac{\partial \boldsymbol{r}}{\partial \theta} \Big/ \left| \frac{\partial \boldsymbol{r}}{\partial \theta} \right|, \quad
e_\phi = \frac{\partial \boldsymbol{r}}{\partial \phi} \Big/ \left| \frac{\partial \boldsymbol{r}}{\partial \phi} \right| \tag{7.40}
$$

となるので，単位ベクトル e_r, e_θ, e_ϕ は直交座標系における単位ベクトル e_x, e_y, e_z を用いて表現すると以下のようになります．

$$
\begin{cases}
e_r = \sin\theta\cos\phi\, e_x + \sin\theta\sin\phi\, e_y + \cos\theta\, e_z \\
e_\theta = \cos\theta\cos\phi\, e_x + \cos\theta\sin\phi\, e_y - \sin\theta\, e_z \\
e_\phi = -\sin\phi\, e_x + \cos\phi\, e_y
\end{cases} \tag{7.41}
$$

この結果を行列で表現すると，

$$
\begin{pmatrix} e_r \\ e_\theta \\ e_\phi \end{pmatrix}
=
\begin{pmatrix}
\sin\theta\cos\phi & \sin\theta\sin\phi & \cos\theta \\
\cos\theta\cos\phi & \cos\theta\sin\phi & -\sin\theta \\
-\sin\phi & \cos\phi & 0
\end{pmatrix}
\begin{pmatrix} e_x \\ e_y \\ e_z \end{pmatrix} \tag{7.42}
$$

と書くことができます．この係数行列 $\boldsymbol{A}$ は直交座標系から極座標系への座標変換行列に対応しています．この変換行列の行列式を計算すると，

$$
\det \boldsymbol{A} = 1 \tag{7.43}
$$

となります．したがって，円筒座標系のときと同様に係数行列 $\boldsymbol{A}$ の逆行列 $\boldsymbol{A}^{-1}$ は $\boldsymbol{A}$ の転置行列 $\boldsymbol{A}^t$ と等しいため，対角成分に対して対称に要素を入れ替えることにより逆行列を求められるようになります．つまり，式 (7.42) の両辺について，左側から $\boldsymbol{A}$ の逆行列をかけてあげれば，以下のように極座標系から直交座標系への逆変換の式が求められることになります．

$$
\begin{pmatrix} e_x \\ e_y \\ e_z \end{pmatrix}
=
\begin{pmatrix}
\sin\theta\cos\phi & \cos\theta\cos\phi & -\sin\phi \\
\sin\theta\sin\phi & \cos\theta\sin\phi & \cos\phi \\
\cos\theta & -\sin\theta & 0
\end{pmatrix}
\begin{pmatrix} e_r \\ e_\theta \\ e_\phi \end{pmatrix} \tag{7.44}
$$

以上が極座標系における単位ベクトルと直交座標系における単位ベクトルの関係になります．

▽ 演算子の変換

次に，直交座標系における ∇ 演算子と極座標系における ∇ 演算子の関係を見ていくことにします．ある関数 $f(r, \theta, \phi)$ を x で偏微分する場合，偏微分演算子は多変数関数の微分における連鎖律により，

$$\frac{\partial}{\partial x} = \frac{\partial r}{\partial x}\frac{\partial}{\partial r} + \frac{\partial \theta}{\partial x}\frac{\partial}{\partial \theta} + \frac{\partial \phi}{\partial x}\frac{\partial}{\partial \phi} \tag{7.45}$$

となります．この式における偏微分演算子の係数部分は式 (7.38) に示した関係から計算することができます．実際に微分を実行すると，以下のようになります．

$$\frac{\partial}{\partial x} = \sin\theta\cos\phi\frac{\partial}{\partial r} + \cos\theta\cos\phi\frac{1}{r}\frac{\partial}{\partial \theta} - \sin\phi\frac{1}{r\sin\theta}\frac{\partial}{\partial \phi} \tag{7.46}$$

同様に y および z についての偏微分演算子を求めると，

$$\frac{\partial}{\partial y} = \sin\theta\sin\phi\frac{\partial}{\partial r} + \cos\theta\sin\phi\frac{1}{r}\frac{\partial}{\partial \theta} + \cos\phi\frac{1}{r\sin\theta}\frac{\partial}{\partial \phi} \tag{7.47}$$

$$\frac{\partial}{\partial z} = \cos\theta\frac{\partial}{\partial r} - \sin\theta\frac{1}{r}\frac{\partial}{\partial \theta} \tag{7.48}$$

となります．以上の結果を行列表示すると，

$$\begin{pmatrix} \frac{\partial}{\partial x} \\ \frac{\partial}{\partial y} \\ \frac{\partial}{\partial z} \end{pmatrix} = \begin{pmatrix} \sin\theta\cos\phi & \cos\theta\cos\phi & -\sin\phi \\ \sin\theta\sin\phi & \cos\theta\sin\phi & \cos\phi \\ \cos\theta & -\sin\theta & 0 \end{pmatrix} \begin{pmatrix} \frac{\partial}{\partial r} \\ \frac{1}{r}\frac{\partial}{\partial \theta} \\ \frac{1}{r\sin\theta}\frac{\partial}{\partial \phi} \end{pmatrix} \tag{7.49}$$

のようにまとめることができます．係数行列部分を見ると，直交座標系と極座標系の単位ベクトルの変換行列と等しいことがわかります．

直交座標系と極座標系における ∇ 演算子の関係が求まったので，直交座標系での ∇ 演算子から極座標系での ∇ 演算子を求めてみましょう．直交座標系から極座標系への変換行列 $\boldsymbol{A}$ を利用して座標変換を行うと，以下のようになります．

$$\begin{pmatrix} \boldsymbol{e}_x & \boldsymbol{e}_y & \boldsymbol{e}_z \end{pmatrix} \begin{pmatrix} \frac{\partial}{\partial x} \\ \frac{\partial}{\partial y} \\ \frac{\partial}{\partial z} \end{pmatrix} = \begin{pmatrix} \boldsymbol{e}_r & \boldsymbol{e}_\theta & \boldsymbol{e}_\phi \end{pmatrix} \boldsymbol{A}^{-1}\boldsymbol{A} \begin{pmatrix} \frac{\partial}{\partial r} \\ \frac{1}{r}\frac{\partial}{\partial \theta} \\ \frac{1}{r\sin\theta}\frac{\partial}{\partial \phi} \end{pmatrix} \tag{7.50}$$

係数行列の積 $A^{-1}A$ は単位行列になることから，極座標系における ∇ 演算子は以下のようになります．

$$\nabla = \frac{\partial}{\partial r}\boldsymbol{e}_r + \frac{1}{r}\frac{\partial}{\partial \theta}\boldsymbol{e}_\theta + \frac{1}{r\sin\theta}\frac{\partial}{\partial \phi}\boldsymbol{e}_\phi \tag{7.51}$$

単位ベクトルの微分

円筒座標系のときと同様，極座標系でも曲面要素が入ってくるため，単位ベクトルの微分はゼロにならない成分が出てきます．そのため，ここで各単位ベクトル $\boldsymbol{e}_r, \boldsymbol{e}_\theta, \boldsymbol{e}_\phi$ の微分について見ていくことにします．極座標系における単位ベクトルと直交座標系における単位ベクトルの間には式 (7.41) の関係があるので，それぞれを r, θ, ϕ で微分し，極座標系における単位ベクトルを用いて書き直すと，以下の結果を得ます．

$$\begin{cases} \dfrac{\partial \boldsymbol{e}_r}{\partial r} = 0 \\[2mm] \dfrac{\partial \boldsymbol{e}_r}{\partial \theta} = \cos\theta\cos\phi\,\boldsymbol{e}_x + \cos\theta\sin\phi\,\boldsymbol{e}_y - \sin\theta\,\boldsymbol{e}_z = \boldsymbol{e}_\theta \\[2mm] \dfrac{\partial \boldsymbol{e}_r}{\partial \phi} = -\sin\theta\sin\phi\,\boldsymbol{e}_x + \sin\theta\cos\phi\,\boldsymbol{e}_y = \sin\theta\,\boldsymbol{e}_\phi \\[2mm] \dfrac{\partial \boldsymbol{e}_\theta}{\partial r} = 0 \\[2mm] \dfrac{\partial \boldsymbol{e}_\theta}{\partial \theta} = -\sin\theta\cos\phi\,\boldsymbol{e}_x - \sin\theta\sin\phi\,\boldsymbol{e}_y - \cos\theta\,\boldsymbol{e}_z = -\boldsymbol{e}_r \\[2mm] \dfrac{\partial \boldsymbol{e}_\theta}{\partial \phi} = -\cos\theta\sin\phi\,\boldsymbol{e}_x + \cos\theta\cos\phi\,\boldsymbol{e}_y = \cos\theta\,\boldsymbol{e}_\phi \\[2mm] \dfrac{\partial \boldsymbol{e}_\phi}{\partial r} = 0 \\[2mm] \dfrac{\partial \boldsymbol{e}_\phi}{\partial \theta} = 0 \\[2mm] \dfrac{\partial \boldsymbol{e}_\phi}{\partial \phi} = -\cos\phi\,\boldsymbol{e}_x - \sin\phi\,\boldsymbol{e}_y = -\sin\theta\,\boldsymbol{e}_r - \cos\theta\,\boldsymbol{e}_\theta \end{cases} \tag{7.52}$$

このように，円筒座標系のときと同様に単位ベクトルの座標微分も値を持つことがわかります．

単位ベクトル同士のスカラー積とベクトル積

単位ベクトルのスカラー積とベクトル積の関係を見ておきましょう．極座標系においても任意の点における単位ベクトル e_r, e_θ, e_ϕ は互いに直交していますので，スカラー積については以下の関係が言えます．

$$
\begin{aligned}
& e_r \cdot e_r = e_\theta \cdot e_\theta = e_\phi \cdot e_\phi = 1 \\
& e_r \cdot e_\theta = e_r \cdot e_\phi = e_\theta \cdot e_\phi = 0
\end{aligned}
\tag{7.53}
$$

ベクトル積については以下のような関係になり，$r \to \theta \to \phi$ の順で右手系になっています．左辺の順序が逆の場合は右辺にマイナスが付くことになります．

$$
\begin{aligned}
& e_r \times e_\theta = e_\phi \\
& e_\theta \times e_\phi = e_r \\
& e_\phi \times e_r = e_\theta
\end{aligned}
\tag{7.54}
$$

▶ 極座標系での様々な微分演算

直交座標系と極座標系における単位ベクトルと ∇ 演算子の変換行列および単位ベクトルの微分が求まったので，勾配・発散・回転・スカラーラプラス演算子・ベクトルラプラス演算子の計算が可能になります．それでは，実際に極座標系における各微分演算を行ってみましょう．

極座標系における勾配

勾配は ∇ 演算子にスカラー場 f を作用させればよいので，以下のようになります．

$$
\nabla f = \frac{\partial f}{\partial r} e_r + \frac{1}{r} \frac{\partial f}{\partial \theta} e_\theta + \frac{1}{r \sin \theta} \frac{\partial f}{\partial \phi} e_\phi
\tag{7.55}
$$

極座標系における発散

発散は，任意のベクトル場 $\boldsymbol{A}$ の成分表記

$$\boldsymbol{A} = A_r \boldsymbol{e}_r + A_\theta \boldsymbol{e}_\theta + A_\phi \boldsymbol{e}_\phi \tag{7.56}$$

を極座標系における ∇ 演算子に作用させて微分を実行することで求められます．

$$\nabla \cdot \boldsymbol{A} = \left(\boldsymbol{e}_r \frac{\partial}{\partial r} + \boldsymbol{e}_\theta \frac{1}{r} \frac{\partial}{\partial \theta} + \boldsymbol{e}_\phi \frac{1}{r \sin\theta} \frac{\partial}{\partial \phi} \right) \cdot (A_r \boldsymbol{e}_r + A_\theta \boldsymbol{e}_\theta + A_\phi \boldsymbol{e}_\phi) \tag{7.57}$$

微分演算の順序と単位ベクトルの取り扱いに注意を払って演算を進めると，以下のようにまとまります．

$$\nabla \cdot \boldsymbol{A} = \frac{\partial A_r}{\partial r} + \frac{2A_r}{r} + \frac{1}{r} \frac{A_\theta}{\partial \theta} + \frac{\cos\theta}{r \sin\theta} A_\theta + \frac{1}{r \sin\theta} \frac{\partial A_\phi}{\partial \phi} \tag{7.58}$$

または以下のようにまとめた表記にする場合もあります．

$$\nabla \cdot \boldsymbol{A} = \frac{1}{r^2} \frac{\partial}{\partial r} \left(r^2 A_r \right) + \frac{1}{r \sin\theta} \frac{\partial}{\partial \theta} \left(\sin\theta A_\theta \right) + \frac{1}{r \sin\theta} \frac{\partial A_\phi}{\partial \phi} \tag{7.59}$$

極座標系における回転

発散を求めた際と同様に，回転も以下のように求めることができます．

$$\nabla \times \boldsymbol{A} = \left(\boldsymbol{e}_r \frac{\partial}{\partial r} + \boldsymbol{e}_\theta \frac{1}{r} \frac{\partial}{\partial \theta} + \boldsymbol{e}_\phi \frac{1}{r \sin\theta} \frac{\partial}{\partial \phi} \right) \times (A_r \boldsymbol{e}_r + A_\theta \boldsymbol{e}_\theta + A_\phi \boldsymbol{e}_\phi) \tag{7.60}$$

単位ベクトル同士のベクトル積に注意して演算を進めると，以下の結果を得ます．

$$\nabla \times \boldsymbol{A} = \left(\frac{1}{r} \frac{\partial A_\phi}{\partial \theta} + \frac{A_\phi}{r} \frac{\cos\theta}{\sin\theta} - \frac{1}{r \sin\theta} \frac{\partial A_\theta}{\partial \phi} \right) \boldsymbol{e}_r$$
$$+ \left(\frac{1}{r \sin\theta} \frac{\partial A_r}{\partial \phi} - \frac{A_\phi}{r} - \frac{\partial A_\phi}{\partial r} \right) \boldsymbol{e}_\theta + \left(\frac{A_\theta}{r} + \frac{\partial A_\theta}{\partial r} - \frac{1}{r} \frac{\partial A_r}{\partial \theta} \right) \boldsymbol{e}_\phi \tag{7.61}$$

また，以下のようにまとめた表記をすることもあります．

$$
\nabla \times \boldsymbol{A} = \left(\frac{1}{r \sin\theta} \frac{\partial}{\partial\theta} \left(\sin\theta A_\phi \right) - \frac{1}{r \sin\theta} \frac{\partial A_\theta}{\partial\phi} \right) \boldsymbol{e}_r
$$
$$
+ \left(\frac{1}{r \sin\theta} \frac{\partial A_r}{\partial\phi} - \frac{1}{r} \frac{\partial}{\partial r} \left(r A_\phi \right) \right) \boldsymbol{e}_\theta + \left(\frac{1}{r} \frac{\partial}{\partial r} \left(r A_\theta \right) - \frac{1}{r} \frac{\partial A_r}{\partial\theta} \right) \boldsymbol{e}_\phi
$$
$$(7.62)$$

以上が極座標系における回転です．

ラプラス演算子がスカラー場に作用する場合

ここでも，任意のスカラー場 f に作用するラプラス演算子は，$\nabla^2 f = \nabla \cdot (\nabla f)$ と書くことができ，スカラー場 f の勾配の発散と考えることができます．勾配はすでに式 (7.55) で求められているので，この発散を計算することでスカラー場に作用するラプラス演算子が求まります．微分の順序および単位ベクトルの微分に注意を払って演算を進めると，以下の結果を得ます．

$$
\nabla^2 f = \frac{\partial^2 f}{\partial r^2} + \frac{2}{r} \frac{\partial f}{\partial r} + \frac{1}{r^2} \left(\frac{\partial^2 f}{\partial\theta^2} + \frac{\cos\theta}{\sin\theta} \frac{\partial f}{\partial\theta} \right) + \frac{1}{r^2 \sin^2\theta} \frac{\partial^2 f}{\partial\phi^2} \tag{7.63}
$$

また，この式は以下のようにまとめることもできます．

$$
\nabla^2 f = \frac{1}{r^2} \frac{\partial}{\partial r} \left(r^2 \frac{\partial f}{\partial r} \right) + \frac{1}{r^2 \sin\theta} \frac{\partial}{\partial\theta} \left(\sin\theta \frac{\partial f}{\partial\theta} \right) + \frac{1}{r^2 \sin^2\theta} \frac{\partial^2 f}{\partial\phi^2} \tag{7.64}
$$

ラプラス演算子がベクトル場に作用する場合

円筒座標系においてベクトル場に作用するラプラス演算子は，直交座標系で求めた方法と同じくベクトル恒等式

$$
\nabla^2 \boldsymbol{A} = \nabla \left(\nabla \cdot \boldsymbol{A} \right) - \nabla \times \nabla \times \boldsymbol{A} \tag{7.65}
$$

から求めることができます．これまでに求めた極座標系における発散の式 (7.59) と回転の式 (7.62) を右辺に代入し，円筒座標系のときと同様の手順で演算を進めていくと，以下の結論が得られます．

$$\nabla^2 \boldsymbol{A} = \left(\nabla^2 A_r - \frac{2}{r^2} A_r - \frac{2}{r^2} \frac{\partial A_\theta}{\partial \theta} - \frac{2\cos\theta}{r^2 \sin\theta} A_\theta - \frac{2}{r^2 \sin\theta} \frac{\partial A_\phi}{\partial \phi} \right) \boldsymbol{e}_r$$
$$+ \left(\nabla^2 A_\theta - \frac{1}{r^2 \sin^2\theta} A_\theta + \frac{2}{r^2} \frac{\partial A_r}{\partial \theta} - \frac{2\cos\theta}{r^2 \sin^2\theta} \frac{\partial A_\phi}{\partial \phi} \right) \boldsymbol{e}_\theta$$
$$+ \left(\nabla^2 A_\phi - \frac{1}{r^2 \sin^2\theta} A_\phi + \frac{2}{r^2 \sin\theta} \frac{\partial A_r}{\partial \phi} + \frac{2\cos\theta}{r^2 \sin^2\theta} \frac{\partial A_\theta}{\partial \phi} \right) \boldsymbol{e}_\phi$$

$$(7.66)$$

以上が極座標系においてベクトル場に作用するラプラス演算子です.

第 **8** 章

ディラックのデルタ関数と 線・面・体積積分

1 　はじめに

2 　ディラックのデルタ関数

3 　座標系の選択の重要性

1 はじめに

　これまでの章を通してベクトルの基礎からその応用について触れてきました．簡単なベクトル演算については慣れてくるうちにスムーズに計算できるようになると思います．しかし，繰り返しお話ししていますが，最も重要なことは演算を速く行うことではなく，式からベクトル場の特徴をイメージできるかどうかです．目先の演算に心を奪われ，本質となる物理を見失ってはいけません．特に重要なこととして，ベクトル場の微分とその積分を説明してきました．これらの持つイメージを常に忘れず，数式が語っていることを理解することが最も重要です．

　本章では，ベクトル解析の最後として，特に頻繁に顔を出すディラックのデルタ関数の特徴とその取り扱い方を示します．また，実際の電磁気問題を解く上で特に重要となる，各座標系における線，面，体積積分の記述方法についてまとめます．

2 ディラックのデルタ関数

▶ デルタ関数のイメージ

物理学では，作用している時間がほぼゼロの衝撃力や，大きさが無視できる点電荷を議論したい場合があります．このような場合，ディラックのデルタ関数 $\delta(x)$ を使うと便利です．この関数は，$x = 0$ ならば値は無限大となり，$x \neq 0$ ならば値はゼロとなります．そして，積分を行うと 1 となる関数です（図 8.1）．つまり，

ディラックのデルタ関数 $\delta(x)$ の定義と特徴

$$\delta(x) = \begin{cases} 0 & (x \neq 0) \\ \infty & (x = 0) \end{cases} \tag{8.1}$$

$$\int_{-\infty}^{\infty} \delta(x) dx = 1 \tag{8.2}$$

また，デルタ関数は任意の関数 $f(x)$ に対して，以下の積分を満たす．

$$\int_{b}^{a} f(x)\delta(x-a) dx = f(a) \tag{8.3}$$

さらに，デルタ関数は偶関数でもあり，以下の関係を満たす．

$$\delta(x) = \delta(-x) \tag{8.4}$$

これは図 8.1 からも，極めて短時間の衝撃力を表現するのにうってつけであることはイメージできると思います．特に，式 (8.1) 中において，原点は特殊な性質（原点に電荷がある場合や，力が作用する場合）を持つことから，原点を**特異点**と呼びます．一方で原点以外に電荷や力が作用する点がある一般的な場合は，その点が特異点となります．

また，任意の位置 x' に特異点があり，有限な領域に対して考えると，以下の関係を持ちます．

有限領域 $[a, b]$ に対するデルタ関数

$$\int_b^a \delta(x - x')dx' = \begin{cases} 1 & (a < x < b) \\ 0 & (x < a, x > b) \end{cases} \tag{8.5}$$

数学的には，いろいろなデルタ関数が考えられます．その中でも，直感的に最もわかりやすいのは，図 8.2 のようなものです．この図の $\varepsilon \to 0$ の極限をデルタ関数とすると，デルタ関数の定義である式 (8.1) や式 (8.2) を満足していることがわかります．

ここまでは 1 次元でのデルタ関数 $\delta(x)$ を示しました．私たちが生活している空間は 3 次元ですので，デルタ関数もまた 3 次元（直交座標系で $\boldsymbol{r} = (x, y, z)$）で取り扱う必要があります．3 次元でのデルタ関数は，次のように表します．

3 次元でのデルタ関数の表現

$$\delta(\boldsymbol{r} - \boldsymbol{r}') = \begin{cases} 0 & (\boldsymbol{r} = \boldsymbol{r}') \\ \infty & (\boldsymbol{r} \neq \boldsymbol{r}') \end{cases} \tag{8.6}$$

$$\int_V \delta(\boldsymbol{r} - \boldsymbol{r}')dV = \begin{cases} 0 & (\text{積分領域 } V \text{ に } \boldsymbol{r}' \text{ が含まれない場合}) \\ 1 & (\text{積分領域 } V \text{ に } \boldsymbol{r}' \text{ が含まれる場合}) \end{cases} \tag{8.7}$$

$$\int_V f(\boldsymbol{r})\delta(\boldsymbol{r} - \boldsymbol{r}')dV = f(\boldsymbol{r}') \tag{8.8}$$

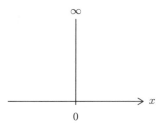

図 8.1 ディラックのデルタ関数

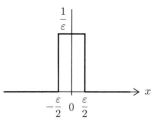

図 8.2 $\varepsilon \to 0$ の極限がデルタ関数

▶ デルタ関数の応用（ラプラス演算子との関係）

では，デルタ関数の重要な特徴を見ておくことにしましょう．特に電磁気学では，先に述べた特異点（電荷が存在する点）を取り扱うため，デルタ関数は様々なところで顔を出してきます．演算に使うと便利な関係をここで示しておくことにします．

観測点を位置ベクトル r とし，電荷が位置 r' に存在している場合，その周囲における電気的性質を調べる問題などがあります．そのような問題を解く場合，デルタ関数を使うと非常に便利で柔軟に問題に対応できるようになります．デルタ関数の重要な公式として，以下のようなものがあります．

デルタ関数の重要公式

$r = r'$ に電荷 q があるときの電荷密度を $\rho(r)$ とすると ρ はデルタ関数を用いて

$$\rho(r) = q\delta(r - r') \tag{8.9}$$

と表すことができ，考える積分領域内に電荷（特異点）が存在する場合，

$$\nabla^2 \frac{1}{|r - r'|} = -4\pi\delta(r - r') \tag{8.10}$$

が成立する．

この公式をこれまでの知識を用いて証明してみましょう．証明するために，電気的性質を求めたい空間領域を V として，つまり電荷（特異点）は積分領域に含まれるとして，体積積分を考えます．

$$\int_V \nabla^2 \frac{1}{|r - r'|} dV = \int_V \nabla \cdot \nabla \frac{1}{|r - r'|} dV \tag{8.11}$$

ここでガウスの定理

$$\int_V \nabla \cdot A \, dV = \int_S A \cdot n \, dS \tag{8.12}$$

を用いて考えている空間領域（半径 $r - r'$ の球体としましょう）の表面にわたる面積分に置き換えると，以下のようになります．

$$\int_V \nabla \cdot \nabla \frac{1}{|\boldsymbol{r} - \boldsymbol{r'}|} dV = \int_S \nabla \frac{1}{|\boldsymbol{r} - \boldsymbol{r'}|} \cdot \boldsymbol{n} \, dS \tag{8.13}$$

ここで，

$$\nabla \frac{1}{|\boldsymbol{r} - \boldsymbol{r'}|} = -\frac{\boldsymbol{r} - \boldsymbol{r'}}{|\boldsymbol{r} - \boldsymbol{r'}|^3}, \quad \boldsymbol{n} = \frac{\boldsymbol{r} - \boldsymbol{r'}}{|\boldsymbol{r} - \boldsymbol{r'}|} \tag{8.14}$$

なので，

$$\int_S \nabla \frac{1}{|\boldsymbol{r} - \boldsymbol{r'}|} \cdot \boldsymbol{n} \, dS = \int_S -\frac{\boldsymbol{r} - \boldsymbol{r'}}{|\boldsymbol{r} - \boldsymbol{r'}|^3} \cdot \frac{\boldsymbol{r} - \boldsymbol{r'}}{|\boldsymbol{r} - \boldsymbol{r'}|} dS \tag{8.15}$$

$$= \int_S -\frac{1}{|\boldsymbol{r} - \boldsymbol{r'}|^2} dS \tag{8.16}$$

$$= -4\pi (r - r')^2 \cdot \frac{1}{(r - r')^2} \tag{8.17}$$

$$= -4\pi \tag{8.18}$$

となります．一方，$\boldsymbol{r'}$ が積分領域に含まれない場合，つまり電荷が考えている空間内に存在しない場合は，

$$\nabla^2 \frac{1}{|\boldsymbol{r} - \boldsymbol{r'}|} = 0 \tag{8.19}$$

なので，電荷（特異点）が考えている空間内部に存在する場合にのみ，

$$\nabla^2 \frac{1}{|\boldsymbol{r} - \boldsymbol{r'}|} = -4\pi \delta(\boldsymbol{r} - \boldsymbol{r'}) \tag{8.20}$$

が成立することになります．これらの結果は後々とても便利に役立ってきますので，頭の片隅に入れておきましょう．

③ 座標系の選択の重要性

　これまでの章を通してベクトル解析について学び，様々な座標系とその取り扱いについても触れてきました．しかしながら，実際の電磁気の問題を解こうとするととたんに手が止まってしまう方がほとんどだと思います．その理由は，実際の問題を解こうとした場合，それらを全て直交座標系を用いて解くことは極めて困難であり，問題ごとに適切な座標系を選択する必要があるからです．解くべき問題には，「この問いに対してはこの座標系を用いなさい」などというていねいな解説はありません．したがって，問題を解く人がセンスよく適切な座標系を選択して使う必要があります．直感の鋭い人なら，問題を読めばすぐに適切な座標系を見抜くことができるかもしれませんが，私を含め大多数の人は，多くの問題を解くことでこのセンスを磨く必要があります．

　そこで，改めてここでは実際の問題で登場する座標系についてまとめます．実際の問題をガウスの法則を用いて筆算で解くことができる問題は極めて限られており，ここに示す直交座標系，円筒座標系，極座標系くらいです．

　ここでは2段階でお話を進めることにしましょう．まず，直交座標系から円筒，極座標系へ変換するときに必要なヤコビアンについて触れます．その後，これを用いて線要素，面積要素，体積要素が各座標系でどのようになるのかを，図を使いながらイメージを膨らませていきます．

▶ ヤコビアン

　はじめに，2次元直交座標における面積を求める問題を例に考えてみましょう．つまり，図8.3の左図のようなものを考えます．長方形を考えるのであれば，変数は dx, dy のみで十分で，微小面積 dS は，$dS = dxdy$ となるのは問題がないでしょう．一方，同じ2次元平面上の，円を考えたい場合は事情が変わってきます．この場合は，極座標系を採用し，変数として動径方向の長さを示す r と x 軸からの角度を示す θ を用いると都合がよいです．つまり，図8.3の右図のように考えます．単純に考えると円の面積は変数 r, θ の微少量を使って，$drd\theta$ を積分すればよいことになります．しかし，ここで不都合が生じてきます．それは，直交座標系から極座

標系に変換するとき，ただ単純に $dS = dxdy = drd\theta$ としては駄目だからです．と言うのは，図 8.3 の右図を見るとわかるように，$dxdy$ と $drd\theta$ が示す面積には差が生じてしまうためです．この差を考慮に入れて座標変換をする必要があります．すなわち，

$$dS = dxdy = |J|drd\theta \tag{8.21}$$

とし，$drd\theta$ に何らかの係数 $|J|$ を乗ずることにより，面積の差を表現する必要があるのです．この何らかの係数 $|J|$ のことを，**ヤコビアン**と呼びます．ヤコビアンはイメージとしては直交座標系から極座標系へ座標変換した際に生じる面積差を補填する膨張率のようなものと捉えてもよいでしょう．

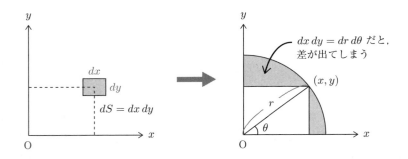

図 8.3 2 次元直交座標と極座標での面積

この面積の差を表現するには，x, y を r, θ で偏微分したものの行列式を考えます．つまり，x, y の r, θ へのそれぞれの変化量を考慮するのです．2 次元の場合，直交座標系と極座標系とでは，

$$\begin{cases} x = r\cos\theta \\ y = r\sin\theta \end{cases} \tag{8.22}$$

という関係があるので，ヤコビアンは以下のようになります．

$$|J| = \begin{vmatrix} \frac{\partial x}{\partial r} & \frac{\partial x}{\partial \theta} \\ \frac{\partial y}{\partial r} & \frac{\partial y}{\partial \theta} \end{vmatrix}$$

$$= \begin{vmatrix} \cos\theta & -r\sin\theta \\ \sin\theta & r\cos\theta \end{vmatrix} = r \tag{8.23}$$

よって，2次元直交座標系の面積 dS は，極座標系において以下のように変換されます．

$$dS = dxdy = rdrd\theta \tag{8.24}$$

本当かどうか，円の面積と円周を求めて確かめてみましょう．円の面積は，r の積分範囲として $0 \sim r$，θ の積分範囲として $0 \sim 2\pi$ とすると，以下のようになります．

$$S = \int_0^r \int_0^{2\pi} rdrd\theta$$
$$= \pi r^2 \tag{8.25}$$

一方，円周 L は円の半径 r を a と固定し，積分は θ のみを行えばよいですから，

$$L = \int_0^{2\pi} ad\theta$$
$$= 2\pi a \tag{8.26}$$

この計算結果は，おそらく今までみなさんが中学校の頃に暗記してきた円の面積と円周に他ならないでしょう．もう暗記しなくても，ちょっとの計算で求めることができるようになりました．

2次元での座標変換がわかったので，3次元にお話を膨らませてみましょう．この場合も考え方は全く同じです．

図 8.4 に示す座標系を考えます．この場合，x, y, z と r, θ, ϕ には，以下の関係があることは第7章で確かめたとおりです．

$$\begin{cases} x = r\sin\theta\cos\phi \\ y = r\sin\theta\sin\phi \\ z = r\cos\theta \end{cases}$$

よって，ヤコビアン $|J|$ は以下のように計算されます．

$$
\begin{aligned}
|J| &= \begin{vmatrix} \frac{\partial x}{\partial r} & \frac{\partial x}{\partial \theta} & \frac{\partial x}{\partial \phi} \\ \frac{\partial y}{\partial r} & \frac{\partial y}{\partial \theta} & \frac{\partial y}{\partial \phi} \\ \frac{\partial z}{\partial r} & \frac{\partial z}{\partial \theta} & \frac{\partial z}{\partial \phi} \end{vmatrix} \\
&= \begin{vmatrix} \sin\theta\cos\phi & r\cos\theta\cos\phi & -r\sin\theta\sin\phi \\ \sin\theta\sin\phi & r\cos\theta\sin\phi & r\sin\theta\cos\phi \\ \cos\theta & -r\sin\theta & 0 \end{vmatrix} \\
&= r^2 \sin\theta
\end{aligned} \tag{8.27}
$$

以上の結果より，球体の体積は $\frac{4}{3}\pi r^3$，表面積は $4\pi r^2$ となることは簡単に確認することができます．

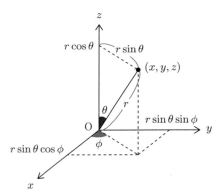

図 8.4 3 次元直交座標と極座標

▶ 直交座標，円筒座標，極座標における，線要素，面積要素，体積要素

　直交座標系から円筒座標系，極座標系への変換が理解できたので，図を含めてこれらの線積分，面積積分，体積積分を視覚的に考えてみましょう．各座標系における微小線要素，微小面積要素，微小体積要素を，以下に図示します．

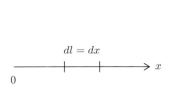

図 8.5 直交座標系における線要素

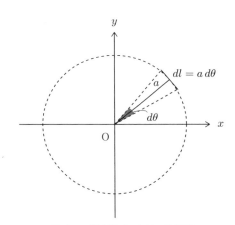

図 8.6 極座標系における線要素

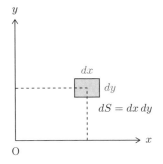

図 8.7 直交座標系における面積要素

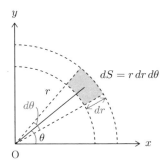

図 8.8 極座標系における面積要素

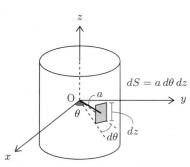

図 8.9 円筒座標系における面積要素

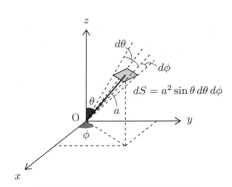

図 8.10 極座標系における面積要素

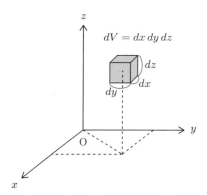

図 8.11 直交座標系における体積要素

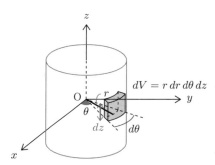

図 8.12 円筒座標系における体積要素

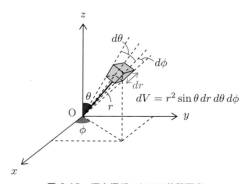

図 8.13 極座標系における体積要素

第  部

ベクトル解析がわかれば電磁気学はこわくない

第 **9** 章

電磁気学とは
どんな学問か？

1 電磁気学はこわくない

2 電磁気学は理系の人だけのもの？

3 電磁気学とベクトルの関係を考えよう

1 電磁気学はこわくない

　これまでの章では，電磁気学を学ぶ上で避けては通れないベクトル解析について触れてきました．いよいよ本章以降では，これまで学んだベクトル解析を思う存分用いながら，電磁気学を学んでいきます．しかし，恐れることはありません．ベクトル解析をマスターしたみなさんですから，それをベースにすることで電磁気学の基本を理解することはもう難しいことではありません．以前にも述べましたが，物理学を理解する上で重要なことは，数学的な演算ではなく，その演算の過程や結果が言っていることを理解することです．目先手先の演算に心奪われず，常に頭の中であるいは紙面上で物理的な事象を理解することに努めていきましょう．

電磁気学は理系の人だけのもの？

　電磁気学というと，真っ先に頭に浮かぶのは導線を流れる電流やカミナリといった自然現象，S極とN極を持った磁石などのイメージでしょう．そしてそれらを理解することはもちろん物理学の領域に入ってしまい，文系の人たちあるいは物理が苦手な人たちから見れば疎遠にしたい，あわよくば避けて通りたいようなものかもしれません．しかしながら，はたして電磁気学は理系の人だけに許された学問なのでしょうか？ いやいや，そうではありません．試しに，読者のみなさんに以下のような問いかけをしたいと思います．頭の中または紙面上に思いつく限りを書き並べてみてください．

(1) 日常生活で感じる力は，どのようなものがあるでしょうか？
(2) 日常生活で，電磁気的なことがらが関わることはどのようなものがあるでしょうか？
(3) 日常生活で，電磁気的なことがらが関わらないことはどのようなものがあるでしょうか？

　どうでしょうか？ まず，1番目の問いについてですが，驚くことに自然界にそもそも（反発力などの人工的な力を除いた）存在する力は，以下に示すたった4つしかないことがこれまでの研究によりわかっています．

弱い力
　　原子レベルで支配的な力．作用を及ぼす距離は，大体 10^{-18} 〔m〕．
強い力
　　原子核レベルで支配的な力．作用を及ぼす距離は，大体 10^{-15} 〔m〕．
万有引力
　　質量を持つ物体間に働く力．作用を及ぼす距離は無限大．
電磁力
　　電気を帯びた粒子間に働く力．作用を及ぼす距離は無限大．

　弱い力と強い力については，$10^{-15} \sim 10^{-18}$ 〔m〕といった非常にミクロな世界で働く力なので，私たちが日頃の生活で実感する機会はありません．しかし，物質

を構成する上では非常に重要な力であることは頭の片隅に入れておきましょう．一方，万有引力については私たちが体感できる最も身近な力の1つと言えるでしょう．その一例が地球上に私たちが立っていられるという事実です．万有引力は重力をイメージするとよいでしょう．もし地球上に重力が存在していなかったなら，私たちは地球上に立っていることもできませんし，歩くこともできません．万有引力は「質量を持った物質間に作用する力」と言うこともできます．これは見方を変えると，私たちが地球上に立っているという事実は，地球が私たちを引っ張っているのと同様に私たちもまた同じ力で地球を引っ張っていると言うこともできます．この万有引力は，イギリスの物理学者アイザック・ニュートンによって発見されました．彼は木からリンゴの果実が落ちるのを眺めたときにこの万有引力の法則を思いついたそうです．

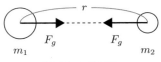

図 9.1 万有引力

この万有引力は図 9.1 に示す体系において，距離 r [m] 離れて置かれた質量 m_1 を持つ物体と質量 m_2 を持つ2つの物体間に作用する力 F_g として，以下のように定式化することができます．

$$F_g = G\frac{m_1 m_2}{r^2} \tag{9.1}$$

ここで登場してくる G は比例定数で約 6.67×10^{-11} です．数式を用いて表現するとついつい敬遠したくなってしまうかもしれませんが，この式が言っていることは，

- 質量を持つ物体間に作用する力は，質量の積に比例し，物体間の距離の2乗に反比例する．
- 力の方向は，2つの物体を結ぶ直線上にあり，互いに引力を及ぼし合う．

ということです．つまり，質量が大きくなるほど作用する力は大きくなり，距離が離れるほど力は小さくなるということです．このことは，地球の重さと月の重さが違うこと，および，月面での重力が地球上での重力よりも小さいことから理解でき

ます.また,地球から離れれば離れるほど感じる重力が小さくなることからも想像がつくでしょう.

最後の電磁力について考えてみましょう.先に質問した第2および第3についての問いかけの答えにもなるのですが,電磁力は現代の私たちの生活にはなくてはならない存在になっています.私たちの日常生活では,スマートフォンやテレビ,冷蔵庫や電子レンジなど,電気はなくてはならない存在になっていると思います.そのように考えると,私たちの日常生活において電磁気的なことがらが関わることがほとんどであり,関わらないことを探すのが大変なくらいです.

それでは,先に示した自然界に存在する力の1つを担う電磁力について,それがどの程度大きいものなのかを考えてみましょう.電磁力の代表的なものに,クーロン力というものがあります.これを発見したのはフランスの物理学者シャルル・ド・クーロンです.彼は電気を帯びた物体間に力が作用することを発見しました.図9.2に示すように電気を帯びた2つの物体間に作用する力 F_q は,以下の式で示されます.

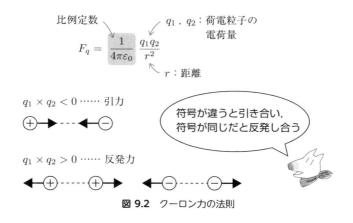

図 9.2 クーロン力の法則

$$F_q = \frac{1}{4\pi\varepsilon_0}\frac{q_1 q_2}{r^2} \tag{9.2}$$

この式において,$\frac{1}{4\pi\varepsilon_0}$ は比例定数で,π は円周率,ε_0 は真空の誘電率と言われるもので,この比例定数を計算すると約 1.11×10^{-12} となります.この数式の言っている意味は,

- 2つの電荷に作用する力の大きさは，電荷量の積に比例し，2つの電荷間の距離の2乗に反比例する．
- 力の方向は，2つの電荷を結ぶ直線上にあり，電荷量の積が負の場合は引力で，正の場合は反発力となる．

ということです．これらの関係は，万有引力の法則である式 (9.1) と非常に似ていることは注目に値します．

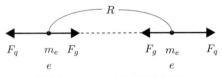

図 9.3 クーロン力と万有引力の比

この万有引力とクーロン力の大きさを比較してみましょう．図 9.3 に示した体系で，2つの電子が距離 R 〔m〕だけ離れている場合を考えます．すると，電子の電荷量（素電荷）は約 1.60×10^{19} 〔C〕であり，電子1つの質量が約 9.11×10^{-31} 〔kg〕であることから，2つの電子間に作用するクーロン力と万有引力の比 F_e/F_g は以下のようになります．

$$\begin{aligned}
\frac{F_e}{F_g} &= \frac{\frac{1}{4\pi\varepsilon_0}\frac{e^2}{R^2}}{G\frac{m_e^2}{R^2}} \\
&= \frac{1}{4\pi\varepsilon_0 G}\left(\frac{e}{m_e}\right)^2 \\
&= \frac{1}{4 \times 3.1415 \times 8.85 \times 10^{-12} \times 6.67 \times 10^{-11}}\left(\frac{1.60 \times 10^{-19}}{9.11 \times 10^{-31}}\right)^2 \\
&= 4.1 \times 10^{42}
\end{aligned} \qquad (9.3)$$

どうでしょうか．万有引力に比べ，クーロン力は桁違いに大きいことが計算から読み取れると思います．

▶ クーロン力と原子の成り立ち

ここで，中学生のときに学習した原子のモデルを思い出してみましょう．原子は，図 9.4 に示すように，中性子と陽子からなる原子核とその周りを回転している電子から成り立っています．

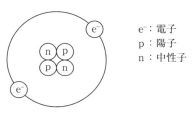

図 9.4 原子のモデル（ヘリウム）

クーロン力が万有引力に比べ桁違いに大きいことは先に示したとおりです．これは非常に強いクーロン力によって物質全体が電気的に中性に見える役割を果たしています．もしそうでないならば，物質はバラバラに飛び散ってしまい，形を形成することはできなくなってしまうからです．

物質を原子レベルで観察すると，この大きなクーロン力によってプラスに帯電している陽子と電気的に中性な中性子からなる原子核はなぜクーロン力によってバラバラにならないのかという疑問が出てきます．例えばウラン 235 の原子核は，92 個の陽子と 143 個の中性子からできています．その半径は，大体 7×10^{-15}〔m〕です．この狭い空間に，正の電荷を持つ 92 個の陽子が，自然界に存在する力の 1 つである強い力によってぎゅーっとクーロン力に抗して押し込められています．この強い力により，原子核ができあがっているのです．

最初に述べたように，強い力の範囲は 10^{-15}〔m〕程度ですから，ウランより大きな原子核を作ることは難しくなります．そのため，ウランより大きな原子番号を持つ安定な元素は自然界には存在しません．

ほとんどの元素の原子核では，クーロン力よりも強い力のほうが圧倒的に大きいのです．そのため，原子核は極めて安定となります．一方，ウラン 235 の場合，両者の力の大きさの差は小さく，強い力のほうがちょっとだけ支配的になっています．そのため，他の物質に比べるとウラン 235 の原子核は不安定となります．ちょっとした刺激を加えると，原子核はバラバラになってしまいます．この刺激は，原子核に中性子をぶつけることにより，与えることができます．ウラン 235 の

原子核に中性子をぶつけるのが原子力発電の基本的な原理と言ってよいでしょう．バラバラになった原子核は，クーロン力により，とても高速に加速されます．そのため，大きなエネルギーを持ち，最終的には熱エネルギーに変わります．原子力発電所では，この熱エネルギーを利用して水を沸騰させ，高圧の水蒸気によってタービンを回して電気エネルギーを作り出しています．原子力といえども，そのエネルギーの源は電磁気力なのです．

電磁気学とベクトルの関係を考えよう

▶ 電磁気学の基本法則

　ニュートン力学と電磁気学は古典物理学の2本柱と呼ばれ，いずれもベクトルを使った微分方程式で書かれることが多いのが特徴です．物体の運動を表すニュートンの運動方程式が一番身近な例で，

$$\boldsymbol{F_g} = m\frac{d^2\boldsymbol{r}}{dt^2} \tag{9.4}$$

と表現され，$\boldsymbol{F_g}$ は物体に作用する力を意味し，m は物体の質量を，$\boldsymbol{r}$ は物体の位置ベクトル，そして t は時刻を意味します．物体の運動を理解したい場合は，物体の位置を時間について微分あるいは積分することによって理解できるということになります．

　一方これに対して，これから学ぶことになる電磁気学の法則は，

$$\nabla \cdot \boldsymbol{E} = \frac{\rho}{\varepsilon_0} \qquad \nabla \cdot \boldsymbol{B} = 0$$
$$\nabla \times \boldsymbol{E} = -\frac{\partial \boldsymbol{B}}{\partial t} \qquad \nabla \times \boldsymbol{B} = \mu_0 \boldsymbol{j} + \varepsilon_0\mu_0 \frac{\partial \boldsymbol{E}}{\partial t} \tag{9.5}$$

と書かれる4組の微分方程式で表すことができます．この4つの微分方程式をまとめて**マクスウェルの方程式**と呼びます．この式中での各記号が示す物理量は，表9.1に示すとおりです．一般的に力学を学ぶ際には，はじめに物体の運動は運動方程式(9.4)式に従う！と習い，それを暗記して数学的演算を行うような手法がとられます．

　一方，電磁気学ではそのようなスタンスで学ぶことはしません．なぜなら，いきなり4つの微分方程式を使いこなすのは難しいですし，まずはきちんと電磁気的な現象のイメージをつかむことが大切だからです．ですので，本書の流れでは実験事実から話をスタートし，それを数式を使って表現することでマクスウェル方程式にたどり着く手順をとっていきます．

表 9.1 各記号の意味

記号	物理量	単位	スカラー/ベクトル
B	磁場（磁束密度）	〔T〕あるいは〔Wb/m^2〕	ベクトル
E	電場	〔V/m〕	ベクトル
ρ	電荷密度	〔C/m^3〕	スカラー
j	電流密度	〔A/m^2〕	ベクトル

　マクスウェル方程式 (9.5) 式を見てわかるとおり，電磁気的な現象はベクトル場 E および B の発散と回転で表されます．これが今まで多くのページを費やしてベクトル解析を学んできた理由になります．言い換えると，ベクトル解析が理解できていれば，頭の中で電磁現象も容易にイメージできるということです．ベクトル解析をマスターしたみなさんであれば，もう電磁気学は決してこわいものではありません．ただ，繰り返しになりますが，数学的な演算に目先手先を奪われてはいけません．演算を行う前に，その演算の結果得られるものはスカラー量なのかはたまた物理量なのか，その量と方向が意味するものはなんなのかを，しっかりと見極めて演算に取り組むことが大前提です．

第 **10** 章

電磁気学における
場の考え方

1　電磁気学における場の概念ってなに？

2　遠隔作用と近接作用の考え方

3　クーロン力を近接作用で考える

電磁気学における場の概念ってなに？

　私たちが会話をして相手が発声した声を耳で聞き取ることができるのは，相手の声帯で振動された空気の波（音波）が空間の空気を伝わって自分の耳の中に到達し鼓膜を振動させることによります．したがって，声（音）は有限の速度を持って空間を伝播していることがわかります．音は空間を満たしている媒体に依存して固有の振動数（周波数）を持つことから，空気中と水中で音の聞こえ方が違うということを経験したことがある方もいらっしゃるでしょう（例えば，プールで水中に潜って遊んでいるときなど）．これらの事実から，音は空間の物質を媒体として伝わっていくことがわかります．このように音を伝播させる媒体のことを**音場**と言います．もし音場が真空，つまり何もない場合は，音は伝播することができないことになります．これは，宇宙空間は無音の世界であることを示しており，実際にそのようになっています．

　前章で示したとおり，電磁現象は4つの微分方程式で表現されます．特に重要なことは，電磁現象はベクトル場 E および B の発散と回転で記述されるという点です．この E および B をそれぞれ**電場**，**磁場（磁束密度）**と言い，空間における電気的・磁気的性質を表すベクトル場になります．ある任意の空間に電荷が存在するとその周囲の空間には電気的性質が与えられます．それと同様に，空間に電荷の流れである電流が存在するとその周囲には磁気的性質が与えられます．音の場合の音場に相当するのが，電気的性質の場合は**電場**，磁気的性質の場合は**磁場**と呼ばれるものです．音場の場合と決定的に違うのは，音は真空中（宇宙）では伝播しないのに対し，電場や磁場は空間でも存在し得るという点です．実際，宇宙に打ち上げて地球の周りを回っている人工衛星と信号のやりとりができるのは，電場と磁場（電磁波）による無線通信を用いているからです．

　そこで問題となってくるのが，この電気的・磁気的性質はどのように伝播していくのかということです．音は空気を振動させ，空気の波となって有限の時間を有して伝播していきます．一方で電気的・磁気的性質についてはどのように伝播していくのでしょうか．その際に重要となる考え方を次節で紹介していきます．

❷ 遠隔作用と近接作用の考え方

空間に距離 r [m] 隔てて 2 つの電荷 q_1 と q_2 が存在した場合，この電荷間はお互いに力を作用し合い，その力をクーロン力と言います．その大きさは以下のようになります．

$$F = \frac{1}{4\pi\varepsilon_0}\frac{q_1 q_2}{r^2} \tag{10.1}$$

力の伝播という視点で考えると，式 (10.1) は次に示す 2 通りの解釈が可能です．

- q_1 が作る電気的作用が瞬時（時間 $t = 0$ で！）に q_2 に到達する（図 10.1 (a)）．
- q_1 が作る電気的作用が周りの空間に電場を作り，それが有限の時間で q_2 に伝わる（図 10.1 (b)）．

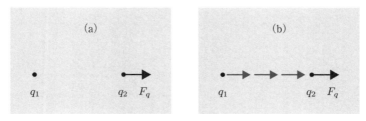

図 10.1 遠隔作用と近接作用

前者のように離れた物体に瞬時に（$t = 0$ で）作用する考え方を**遠隔作用**と言い，後者のように空間を媒体としてある速度を持って作用する考え方を**近接作用**と言います．音が空間を媒体として伝播していくのはまさに近接作用の考え方に沿っていると言えるでしょう．逆に，近代物理学において，瞬時に作用する遠隔作用の考え方で説明がつく物理現象はあるでしょうか？量子テレポーテーションという研究がありますが，テレポーテーションという名が付けられているものの，これはある粒子が空間の別の場所に瞬間移動することを考えているわけではありません．詳しい解説は量子力学の分野となり本書の内容から逸脱するため触れませんが，2 つの粒子のうち一方の状態を観測すると瞬時にもう一方の状態も確定することから，こ

のような量子テレポーテーションという名前が付けられたようです.

　現代物理学において，遠隔作用によって説明が可能な現象はあるでしょうか？以前まで万有引力は，1916年に一般相対性理論に基づいてアルベルト・アインシュタインによって万有引力を伝播する現象である重力波が予言されていましたが，前章で示したとおりに万有引力は電磁気力に比べ桁違いに小さいため，その実験的観測は困難とされていました．しかし，2016年にアメリカのカリフォルニア工科大学とマサチューセッツ工科大学などの研究チームが重力波の直接観測に成功しています．アインシュタインによる理論から実に100年もの長きにわたる謎が解けたのです.

　このように，現代物理学においては近接作用の考え方が自然です．残念ながら時間を有さず移動する瞬間移動といった遠隔作用の考え方は，現代物理学では夢物語のお話なのです.

③ クーロン力を近接作用で考える

距離 r〔m〕隔てて真空中に置かれた 2 つの電荷 q_1, q_2 の間に働く力の大きさ F は，

$$F = \frac{1}{4\pi\varepsilon_0} \frac{q_1 q_2}{r^2} \tag{10.2}$$

と書くことができました．この式のそれぞれの記号とその単位については，表 10.1 に示しているとおりです．2 つの電荷の電荷量の積 $q_1 q_2$ が負であれば，2 つの電荷間に働く力は引力となり，正であれば斥力となります．$\frac{1}{4\pi\varepsilon_0}$ は比例定数で特に ε_0 は真空における誘電率と呼ばれるものです．いわば電気的性質がどの程度になるのかを表す指標となるもので，物質特有の値（物性値）です．

表 10.1　クーロンの法則の単位

記号	物理量	単位
F	力	N
q_1 または q_2	電荷量	C
ε_0	真空中の誘電率	F/m
r	電荷間の距離	m

このままの表現では，このクーロン力は遠隔作用と近接作用の両方の考え方で捉えることができます．2 つの電荷，q_1 と q_2 のみが存在する場合の一方の電荷 q_1 に働く力を考えてみましょう．まずは，遠隔作用ですが，そのイメージを図 10.2 に示します．電荷 q_2 が q_1 を引っ張っている状態をイメージするとよいでしょう．ですが，重要なことは，遠隔作用では媒体がないことから，何もない空間を通して力が作用しているということになります．何もない空間を通して力が作用するということは，なかなかイメージできません．なぜなら，普段私たちが感じている力は，直接的に作用する圧力，ゴムの伸び縮みなど弾性体を介して作用しているからです．媒体を全く用いずに力が作用する状況は，前節で述べたとおり，夢物語になってしまいます．

q_2
q_1
q_2によって
引っ張られる

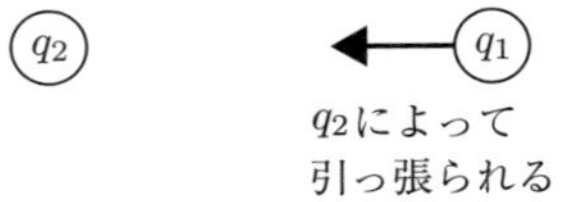

図 10.2 電荷 q_1 に及ぼされる遠隔作用

次に近接作用の考え方です．これは図 10.3 をイメージするとよいでしょう．q_2 があることにより q_1 が受ける力は遠隔作用の結果と同じになります．しかし，力の伝わり方が異なってきます．近接作用の場合は 2 段階で，

- q_2 がその周りの空間に電気的性質をもたらす（場を変化させる）．
- 場が変化した結果，その場から q_1 は力を受ける．

と考えるのです．

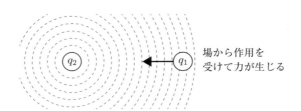

q_2
q_1
場から作用を
受けて力が生じる
q_2 により空間が変化し、坂道のようなものができる。
この坂道は後で示すポテンシャルである。

図 10.3 電荷 q_1 に及ぼされる近接作用

遠隔作用と近接作用の考え方のうち，どちらが正しいかというと，今のままのクーロン力の表現だけを考えればどちらも正しいということになってしまいます．しかし，前節でお話ししたとおり，力が伝搬するには有限の時間が必要になります．そして近接作用の考え方を導入することにより，全てがすっきりと，実験と矛盾なく理解できるのです．

では，ここまでに登場したクーロン力の式 (10.2) を，近接作用の考え方に適した形に変形してみましょう．そのためには，

$$E_2 = \frac{1}{4\pi\varepsilon_0}\frac{q_2}{r^2} \tag{10.3}$$

$$F_{2\to 1} = q_1 E_2 \tag{10.4}$$

としてみます．この2段階の式が意味することは，

- 式 (10.3)：電荷 q_2 により r だけ離れた位置に電場 E_2 が生じる．
- 式 (10.4)：その電場の作用により電荷 q_1 は $F_{2 \to 1}$ という力を受ける．

のようになります．このように，空間を媒体として場が伝播し力が作用するという考え方になっています．

電場の表現と取り扱い方
電気力線による電場の表現（電場の直感的理解）

先ほどの電場の導入では，力の大きさのみを考え，ベクトルによる表現は行いませんでした．電場の概念がわかったので，ベクトルを使ったクーロン力の正確な記述を行ってみましょう．ベクトルを使ったクーロンの法則は，

$$\boldsymbol{F}_{2 \to 1} = \frac{1}{4\pi\varepsilon_0} \frac{q_1 q_2}{|\boldsymbol{r}_1 - \boldsymbol{r}_2|^2} \frac{(\boldsymbol{r}_1 - \boldsymbol{r}_2)}{|\boldsymbol{r}_1 - \boldsymbol{r}_2|} \tag{10.5}$$

となります．$(\boldsymbol{r}_1 - \boldsymbol{r}_2)/|\boldsymbol{r}_1 - \boldsymbol{r}_2|$ は大きさが1で方向のみを持つ単位ベクトルなので，ちゃんと電荷量の積に比例し，距離の2乗に反比例した力になっていることがわかります．

次に電場の表現ですが，q_2 が電荷 q_1 がある位置 $\boldsymbol{r}_1$ に作る電場 $\boldsymbol{E_2}$ は，

$$\boldsymbol{E}_2 = \frac{1}{4\pi\varepsilon_0} \frac{q_2}{|\boldsymbol{r}_1 - \boldsymbol{r}_2|^2} \frac{(\boldsymbol{r}_1 - \boldsymbol{r}_2)}{|\boldsymbol{r}_1 - \boldsymbol{r}_2|} \tag{10.6}$$

となります．q_2 が作る電場を図 10.5 に示します．ここで，電場に沿った線が**電気力線**と呼ばれるものです．実際の空間にはこのような線は存在しませんが，電場の空間分布をイメージするときには非常に便利になってきます．ただし，注意しなくてはいけないのは，この電気力線は必ず正の電荷から出て負の電荷に終わるか，または始点か終点のどちらかが無限遠に延びているという点です．また，電気力線を用いて電場の方向や大きさを表現するとき，同じ電荷量の電荷からは同じ本数の電気力線を描かなくてはなりません．しかし，電気力線の絶対値に決まりはないので，本数は描く人の自由，何本描いてもよいのです．ただし，本数は自由に描いてよいものの，電気力線を描くにはちゃんとしたルールがあります．それを以下に列挙します．

- 正の電荷から始まり，負の電荷で終わる．
- 任意の点における電気力線の接線は，その点における電場の方向を表す．
- 電気力線の面密度は電場の大きさを表し，密なところほど電場が大きく，疎なところほど電場が小さい[注1]．
- 電気力線が途中で交わったり，電荷のないところで消えたり，発生したりしない．

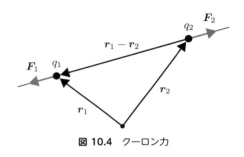

図 10.4 クーロン力

注1　電荷量が異なる電荷の電気力線を表現するとき，電気力線の数は電荷量に対して線形でなければなりません．つまり，電荷量が 1〔C〕の電気力線を表現するときに 10 本の電気力線を描いた場合，2〔C〕の場合は 20 本の電気力線で，10〔C〕の場合は 100 本の電気力線で表現します．その本数の基準は，描く人の自由ですが，その定義は明示しなければなりません．

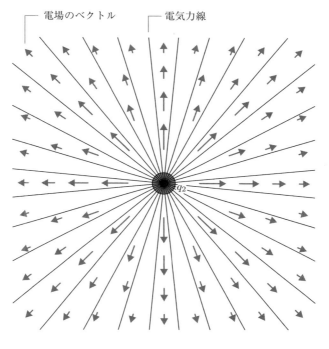

図 10.5 電場と電気力線

重ね合わせの原理

力学で登場する力は，複数の力がある場合，その合力は力ベクトルの足し算として求めることができました．これを**重ね合わせの原理**と言います．3つ以上の電荷が空間にある場合には，電場あるいはクーロン力にも重ね合わせの原理が成り立ちます．すなわち，ある任意の位置 r の電場 $E(r)$ は

$$E(r) = \frac{1}{4\pi\varepsilon_0} \sum_i \frac{q_i}{|r - r_i|^2} \frac{(r - r_i)}{|r - r_i|} \tag{10.7}$$

と表現できます．この様子を図 10.6 に示します．これは，ちょうど透明なシートの上にある電荷によって作用されるクーロン力を描き，複数の場合はそれぞれのシートを重ね合わせて，得られた矢印たちの合力を求めることに等しいです．それをイメージすると重ね合わせの原理が理解しやすいでしょう．

次に，電荷が有限の体積を持って分布している場合を考えてみましょう．位置 r での電荷密度を $\rho(r)$ とすると，先ほどの和の部分は積分となり，

$$E(r) = \frac{1}{4\pi\varepsilon_0} \int_{V'} \frac{\rho(r')}{|r-r'|^2} \frac{(r-r')}{|r-r'|} dV' \tag{10.8}$$

と表せます．この様子を図 10.7 に示します．この積分を行えば，あらゆる地点での電場がわかります．しかし，実際の問題でこの積分を行うことはまずありません．電荷の分布（形状）が単純な場合は計算が可能なのですが，より一般的な複雑な形状の場合，この積分を実行することはとても大変です．さらには，近接作用の考え方を取り入れた形，式 (10.7) や (10.8) は完全な近接作用の表現とは言えません．なぜなら，これらの式からは周囲の空間の電場分布（ベクトル場の分布）が直感的にイメージできないからです．そこで，次章では電場を違う視点から考察して，完全に近接作用の考え方にマッチした電場の表現方法を考えてみることにしましょう．

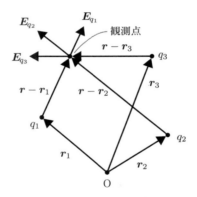

図 10.6 点電荷が作る電場の重ね合わせ

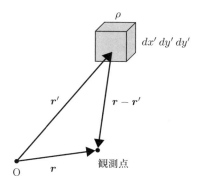

図 10.7 連続分布した電荷の塊が作る電場の重ね合わせ

第 **11** 章

静電磁場の世界

1 クーロンによる静電力の発見

2 電流と電流が作る磁場の関係式
  ——アンペールの法則

クーロンによる静電力の発見

　電荷間に作用する力を世界で初めて定量的に測定したのはフランスの物理学者，シャルル・ド・クーロンです．彼の電磁気学への貢献は非常に大きく，彼の偉業を讃えるため，電荷の単位〔C〕にもなっています．彼は，図 11.1 に示す「ねじりばかり」という装置を発明し，細い絹糸のねじれのバランスを利用して，1/100,000 グラムという微小な力の変化を測定する試みをしました．

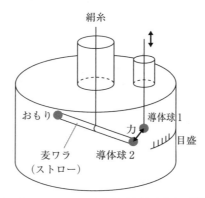

図 11.1　クーロンのねじりばかり（イメージ図）

　大きなガラスの円筒を垂直に立て，その中心軸に沿って絹糸をピンと張ります．絹糸の末端に絹糸に対して直角になるようワックスを塗ったストロー状の麦ワラを取り付け，その端に帯電させるための導体球と水平を保つためのおもりを取り付けます．導体球のほうのガラス管には導体球の位置を計測するための目盛を切っておきます．このようにすることで，導体球が絹糸を軸として水平方向に回転した際の微小な移動距離を精度よく計測することができます．そうして図 11.1 に示すように帯電した導体球の真上から別の帯電した導体球を近づけることにより，その導体球間に作用する静電力（引力または反発力）を測定します．この装置を利用してクーロンは様々な異なった大きさに帯電させた導体球間に作用する力の大きさを計測する実験を繰り返し行い，結論として帯電した導体球間に作用する力の大きさは，**帯電した電荷量の積に比例し，導体球間の距離の 2 乗に反比例する**という法則

第 11 章　静電磁場の世界　133

を発見しました．身近なものを利用した極めて古典的な実験ですが，その計測精度
は素晴らしく，電磁気学の発展の大きな一歩を示したのです．

▷ 静電場を表す方程式——ガウスの法則

　前章において電場という概念を導入することにより，近接作用の考え方を導入し
てきました．これにより電荷が周辺の空間に電気的な特性をもたらし，それが伝搬
して他の電荷や導体に作用することがイメージできたと思います．しかしながら，
式 (10.7) や (10.8) は，まだ完全に近接作用の考え方を表現しているとは言い切れな
い形になっています．なぜなら，遠隔地にある電荷が電場を作っている式とも捉え
ることができてしまいます．近接作用の考え方だと，その場所の電場はその周りか
らのみ作用を受けるべきです．そのためには，式を微分形に直すのがよいでしょ
う．ベクトル解析の章で議論したとおり，任意のベクトル場を知るためには，その
ベクトル場の空間における発散と回転，すなわち微分方程式がわかればよいことが
わかりました．それでは，クーロンの法則からスタートして，それを上手に使って
微分形の式を導いてみましょう．

静電場を表す微分方程式（微分形のガウスの法則）

　クーロンの法則から，静電場 E が満たす微分方程式を探していきます．静電場
の問題は，クーロンの法則である式 (10.6)，あるいは観測する地点を一般化したクー
ロンの法則である式 (10.8) が全てです．この一般化されたクーロンの法則から，静
電場を表す微分方程式（発散と回転）を求めていくことにします．式 (10.8) の体積
積分は直交座標系のみの場合を表しているので，任意の形状をした電荷の分布に対
応するため，

$$\boldsymbol{E}(\boldsymbol{r}) = \frac{1}{4\pi\varepsilon_0} \int_{V'} \frac{\rho(\boldsymbol{r}')}{|\boldsymbol{r}-\boldsymbol{r}'|^3}(\boldsymbol{r}-\boldsymbol{r}')dV' \tag{11.1}$$

と書き直します．被積分関数の分母の指数部分が 3 乗になっていますが，単位ベク
トルを考慮したのみであり，クーロンの法則を意味していることに間違いはありま
せん．ここで体積積分を行う領域 V' は，考慮している空間全てを対象としていま
す．ベクトルの演算

$$\nabla\frac{1}{|\boldsymbol{r}-\boldsymbol{r}'|} = -\frac{\boldsymbol{r}-\boldsymbol{r}'}{|\boldsymbol{r}-\boldsymbol{r}'|^3} \tag{11.2}$$

134　　第III部　ベクトル解析がわかれば電磁気学はこわくない

を使うとクーロンの法則は，

$$\boldsymbol{E}(\boldsymbol{r}) = -\frac{1}{4\pi\varepsilon_0} \int_{V'} \rho(\boldsymbol{r}')\nabla\frac{1}{|\boldsymbol{r}-\boldsymbol{r}'|}dV' \tag{11.3}$$

と書けます．ここで体積積分は $\boldsymbol{r}'$ を積分の対象としますが，勾配 ∇ は $\boldsymbol{r}$ を対象としています．

それでは，式 (11.3) の両辺の発散を計算してみましょう．

$$\begin{aligned}
\nabla\cdot\boldsymbol{E}(\boldsymbol{r}) &= -\frac{1}{4\pi\varepsilon_0}\int_{V'}\rho(\boldsymbol{r}')\nabla\cdot\nabla\frac{1}{|\boldsymbol{r}-\boldsymbol{r}'|}dV' \\
&= -\frac{1}{4\pi\varepsilon_0}\int_{V'}\rho(\boldsymbol{r}')\nabla^2\frac{1}{|\boldsymbol{r}-\boldsymbol{r}'|}dV' \\
&= -\frac{1}{4\pi\varepsilon_0}\int_{V'}\rho(\boldsymbol{r}')\times\{-4\pi\delta(\boldsymbol{r}-\boldsymbol{r}')\}\,dV' \\
&= \frac{1}{\varepsilon_0}\int_{V'}\rho(\boldsymbol{r}')\delta(\boldsymbol{r}-\boldsymbol{r}')dV' \\
&= \frac{\rho(\boldsymbol{r})}{\varepsilon_0}
\end{aligned} \tag{11.4}$$

ここでデルタ関数の性質である，

$$\nabla^2\frac{1}{|\boldsymbol{r}-\boldsymbol{r}'|} = -4\pi\delta(\boldsymbol{r}-\boldsymbol{r}') \tag{11.5}$$

および，

$$\int_{V'}\rho(\boldsymbol{r}')\delta(\boldsymbol{r}-\boldsymbol{r}')dV' = \rho(\boldsymbol{r}) \tag{11.6}$$

の関係を用いています．これで電場の発散が計算できました．この式の座標変数は $\boldsymbol{r}$ のみなので，$\boldsymbol{r}$ を省略して

$$\nabla\cdot\boldsymbol{E} = \frac{\rho}{\varepsilon_0} \tag{11.7}$$

と書いても差し支えありません．

次に回転を求めてみましょう．先ほどのクーロンの法則の式 (11.3) の両辺の回転を計算していきます．式 (11.3) の両辺の回転を計算すると，以下のようになります．

$$\nabla \times \boldsymbol{E}(\boldsymbol{r}) = -\frac{1}{4\pi\varepsilon_0} \int_{V'} \rho(\boldsymbol{r}')\nabla \times \nabla \frac{1}{|\boldsymbol{r}-\boldsymbol{r}'|} dV'$$

ベクトル恒等式 $\nabla \times \nabla\phi = 0$ より

$$= \boldsymbol{0} \tag{11.8}$$

これで電場の回転が求まりました．電場の回転はゼロとなります．

以上をまとめると，静電場を表す微分方程式は，

静電場を表す微分方程式

$$\nabla \cdot \boldsymbol{E} = \frac{\rho}{\varepsilon_0} \qquad\qquad \nabla \times \boldsymbol{E} = 0 \tag{11.9}$$

となります．これらの式のうち，静電場の発散の式を**微分形のガウスの法則**と呼びます．静電場の回転の式には残念ながら名前は付いていないので，本書では**名もない法則**と呼ぶことにしましょう．

静電場を表す積分方程式（積分形のガウスの法則）

さて，静電場の発散と回転がわかったので，これを利用して静電場の全てを理解できることになります．しかし，理解すると言っても，式 (11.9) をどのように使ってよいことやら，戸惑ってしまうでしょう．そこで，ベクトル解析の章で取り扱ったガウスの定理とストークスの定理が役立ってきます．式 (11.9) の右辺は密度を表していますから，それを体積積分することで，全てを計算できるようになってきます．そこで，ここではガウスの定理とストークスの定理を用いて，積分方程式の形を求めてみましょう．

微分形のガウスの法則（発散の式）の両辺に対して体積積分を行い，ガウスの定理を用いると，以下のようになります．

$$\int_V \nabla \cdot \boldsymbol{E} \, dV = \int_S \boldsymbol{E} \cdot \boldsymbol{n} \, dS \tag{11.10}$$

発散の右辺のほうは単に電荷密度の体積積分にすればよいので，発散の式を積分形に直すと，

$$\int_S \boldsymbol{E} \cdot \boldsymbol{n}\, dS = \frac{1}{\varepsilon_0} \int_V \rho\, dV \qquad (11.11)$$

となります．これが，積分形のガウスの法則となります．この体積積分を含む等式は，考えている任意の領域で成立します．一般化されたクーロンの法則の式 (11.3) の場合，全ての領域（全宇宙）にわたって積分を行う必要があったのと大きく異なっていて，積分形のガウスの法則が実用的であることがわかります．このことは，後ほど示す例題を解くことで体験してみましょう．

この積分形のガウスの法則が語っていることは，

> **積分形のガウスの法則の意味**
> ある任意の閉じた空間の表面を貫いて出ていく（または入ってくる）電場ベクトルの総量は，その空間内部の総電荷量に比例する．

ということです．これはとても便利な式で，軸対象な電荷分布による電場を計算する場合は頻繁に使うことになります．

次は，回転に関する積分形の式を求めてみましょう．回転の式の両辺に対して面積積分を行い，ストークスの定理を用いると，以下のようになります．

$$\int_S \nabla \times \boldsymbol{E}\, dS = \oint \boldsymbol{E} \cdot d\boldsymbol{l}$$

回転を表す右辺はゼロなので，積分を行ってもゼロです．よって積分形は

$$\oint \boldsymbol{E} \cdot d\boldsymbol{l} = 0 \qquad (11.12)$$

となります．この式が語っていることは，

> **積分形の名もない法則の意味**
> 任意の閉じた領域で静電場を積分するとゼロになる．

ということです．これはなにを言っているのでしょうか？ もう少しイメージをしやすくするために，さらに考察を続けてみましょう．

スカラーポテンシャル（電圧）

　静電場における名もない法則の積分形を理解するために，もう少し考察を続けてみることにしましょう．静電場を表すクーロンの法則の式 (11.3) は，∇ 演算子の位置を変えて

$$\boldsymbol{E}(\boldsymbol{r}) = -\nabla\left\{\frac{1}{4\pi\varepsilon_0}\int_{V'}\rho(\boldsymbol{r}')\frac{1}{|\boldsymbol{r}-\boldsymbol{r}'|}dV'\right\} \tag{11.13}$$

とも書くことができます．体積積分の積分変数は $\boldsymbol{r}'$ で，勾配 ∇ の微分の変数は $\boldsymbol{r}$ と異なるので，微分と積分を入れ替えることができます．ここで，右辺にある体積積分を

$$\phi(\boldsymbol{r}) = \frac{1}{4\pi\varepsilon_0}\int_{V'}\frac{\rho(\boldsymbol{r}')}{|\boldsymbol{r}-\boldsymbol{r}'|}dV' \tag{11.14}$$

とします．積分の結果はスカラー量になることから，この積分の値 ϕ を**スカラーポテンシャル**と言います．このスカラーポテンシャルを導入することにより，電場は，

$$\boldsymbol{E} = -\nabla\phi \tag{11.15}$$

とシンプルに表現できるようになります．

　次にスカラーポテンシャルの性質を調べてみましょう．一様な（空間の中でいたるところ一定である）静電場 E の中に電荷 q を置くと，電荷 q は $\boldsymbol{F} = q\boldsymbol{E}$ という力を受けます．その力に対して，その電荷を A 点から B 点まで，移動させるのに必要な仕事 W を考えてみましょう．必要となる仕事 W は，

$$
\begin{aligned}
W &= -\int_A^B \boldsymbol{F}\cdot d\boldsymbol{l} \\
&= -q\int_A^B \boldsymbol{E}\cdot d\boldsymbol{l} \\
&= q\int_A^B \nabla\phi\cdot d\boldsymbol{l} \\
&= q\left[\phi(B)-\phi(A)\right]
\end{aligned} \tag{11.16}
$$

となります．仕事量 W は，A 点に比べたときの B 点での電荷 q が持つエネルギーの変化量を示しています．$q\phi$ を位置によるエネルギー，すなわちポテンシャルエネルギーと解釈することができます．電気工学における電圧の定義を考えると，この ϕ は**電圧**（または**電位**とも言う）そのものであることがわかります．式 (11.12) から，電場の周回積分はゼロとわかっています．よって，

$$\oint_C \nabla\phi \cdot \boldsymbol{l} = 0 \tag{11.17}$$

となります．この式は，微小区間での電位差 $\nabla\phi \cdot \boldsymbol{l}$ を足し合わせて，任意の閉じた経路を積分するとゼロになると言っています．これは電気回路で登場するキルヒホッフの法則になります．

また，このことは電場の単位を考えても理解できます．電場の単位は〔V/m〕であり，単位長さあたりの電位の変化量，すなわち電位の傾きを表す物理量になっています．ここで，電気回路の閉回路中における電圧の変化を考えてみましょう．電源（電池）で昇圧された電位は抵抗などの素子によって電圧降下され，ぐるっと回路を一周したときにはゼロになります．また電源でポンピングされて同じことが繰り返されるのが電気回路なので，静電場の名もない法則がキルヒホッフの法則を物語っていることが理解できます．

[問題]

図 11.2 に示すように電荷が密度 ρ〔C/m³〕で半径 a の導体球に一様に分布している．導体球の内外における電場の大きさを求めなさい．

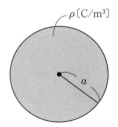

図 11.2 半径 a の導体球に電荷が密度 ρ〔C/m³〕で一様に分布している

[解答例]

図 11.3 に示すように導体球の中心に原点をとると，球対象な座標系（極座標系）を考えることができ，積分形のガウスの法則における積分が計算できるようになる．また，この座標系を採用することにより，電場ベクトルは原点から放射状に伸びることになるため，球体表面に対して垂直な成分のみを考えればよいことがわかる．

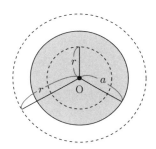

図 11.3 導体球の中心に原点をとり，半径 r の閉曲面を考える

・導体球内部における電場の大きさ（$0 < r < a$ の場合）

導体球内部（$0 < r < a$）で半径 r の閉曲面を考え，この閉空間に対して積分形のガウスの法則を適用する．積分形のガウスの法則は，

$$\int \boldsymbol{E} \cdot d\boldsymbol{S} = \frac{1}{\varepsilon_0} \int \rho \, dV \tag{11.18}$$

であるから，両辺にある面積積分と体積積分を計算すると，以下のようになる．

$$E_{\text{内部}} \cdot 4\pi r^2 = \frac{1}{\varepsilon_0} \cdot \rho \cdot \frac{4}{3}\pi r^3 \tag{11.19}$$

よって，導体球内部における電場の大きさ $E_{\text{内部}}$ は，

$$E_{\text{内部}} = \frac{\rho}{3\varepsilon_0} r \tag{11.20}$$

となる．

・導体球外部における電場の大きさ（$r > a$ の場合）

先ほどと同様に $r < a$ の領域で半径 r の閉曲面を考えると，閉曲面内部における電荷量の総量は半径 a の球体に帯電している電荷量のみになる．よって積分形のガウスの法則の両辺を計算すると以下のようになる．

$$E_{外部} \cdot 4\pi r^2 = \frac{1}{\varepsilon_0} \cdot \rho \cdot \frac{4}{3}\pi a^3 \tag{11.21}$$

したがって，導体球外部における電場の大きさ $E_{外部}$ は，

$$E_{外部} = \frac{\rho a^3}{3\varepsilon_0} \frac{1}{r^2} \tag{11.22}$$

となる．また，導体球内外における電場の大きさを，横軸を原点からの距離としたグラフで表すと図 11.4 のようになる．

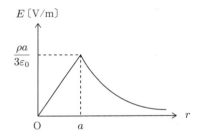

図 11.4 原点からの距離と電場の大きさの関係

静電場のまとめ

静電場の基本法則を，近接作用の考え方に完全にマッチする形として導いてきました．特に静電場を表す微分方程式は，電荷が存在するとその周りに電場ができることを示しています．

重要な結果をまとめると，以下のようになります．

静電場のまとめ

静電場を表す微分方程式

$$\nabla \cdot \boldsymbol{E} = \frac{\rho}{\varepsilon_0} : 微分形のガウスの法則 \tag{11.23}$$

$$\nabla \times \boldsymbol{E} = \boldsymbol{0} : 微分形の名もない法則 \tag{11.24}$$

静電場を表す積分方程式

$$\int_S \boldsymbol{E} \cdot \boldsymbol{n} dS = \frac{1}{\varepsilon_0} \int_V \rho \, dV : 積分形のガウスの法則 \tag{11.25}$$

$$\oint \boldsymbol{E} \cdot d\boldsymbol{l} = 0 : 積分形の名もない法則 \tag{11.26}$$

スカラーポテンシャル（電圧）を導入し，電場を

$$\boldsymbol{E} = -\nabla \phi \tag{11.27}$$

と簡単に表現することができる．

2 電流と電流が作る磁場の関係式——アンペールの法則

▶磁石のふしぎ

磁石にはN極とS極があり[注1]，N極とN極，あるいはS極とS極には反発力が作用し，N極とS極には引力が作用します．これは，静電場で最初に登場したクーロンの法則の電荷間に作用する力の法則と非常によく似ています．しかし，電荷間に作用するクーロン力とは決定的に違う点があります．それは，電荷がプラスまたはマイナスとして単独で存在することができるのに対し，磁石におけるN極またはS極は単独では存在できず，必ずペアで存在するという点です．図11.5にそのイメージを示しました．実にふしぎなことですが，磁石を何度分割しても，磁石は相変わらずN極とS極を持つのです．

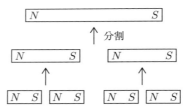

図11.5 磁石の分割．何度分割しても，断片には必ずNとSの両極が存在する

図11.6 帯電棒の分割．分割を繰り返すと，正または負の単独電荷が取り出せる

注1　N，Sと言うのは，方位磁石を静止させたとき，北を向いたほうをN（North），南を向いたほうをS（South）と呼んだことに由来しています．

▶ エルステッドの実験による電流と磁場の関係の発見

デンマークの物理学者であるエルステッドは，コペンハーゲン大学の教授時代に電流と磁石に関する研究をしていました．当時，多くの物理学者は電流と電流に作用し合う力の関係についての研究を積極的に行っていましたが，エルステッドは他の物理学者とは違ったアプローチで，電流と磁石の関係に着目して研究していたようです．エルステッドはちょうど大学における物理学（特に電磁気学に関する）の最中，学生たちの前で行った模範実験で偶然にも電流による磁気的作用を発見したと言われています．1820 年のことでした．エルステッドは，図 11.7 に示すように導線を南北に沿った方向に設置し，そのすぐ真下に自由に回転することができる棒磁石を置いて，導線に南から北に向かう方向に電流を流しました．すると，磁石の N 極が西の方向に，S 極が東の方向にくるりと回転する現象を発見しました．これが，世界で初めての電流による磁気的作用の観測になります．この現象はすぐにエルステッドによって論文として発表され，瞬く間に世界各国に広がりました．そして多くの物理学者によって様々な実験が繰り返し行われ，電流と磁気的作用に関する新たな発見が相次いで発表されました．

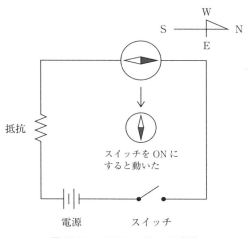

図 11.7 エルステッドによる実験

エルステッドの論文を読んだフランスの物理学者であるアンペール[注2]は，この実験結果の重要性に気づいて，2つの導線を流れる電流と電流の間に作用し合う力の規則性を精密な実験で測定を試みました．その結果，図 11.8 に示すように，直線状の 2 本の平行に流れる電流間に作用する力は互いに引き合う引力であり，逆方向に流れている場合は反発力になることを発見しました．

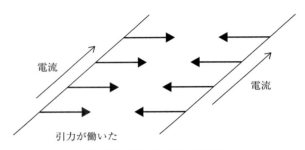

図 11.8 アンペールによる実験

また，作用し合う力の電流間の距離についての依存性についても精密に測定した結果，電流の単位長さあたりに作用し合う力の大きさは，流れる電流の大きさ I_1 と I_2 の積に比例し，電流間の距離 R に反比例することがわかりました．この実験結果を数式で表現すると，

$$F = \frac{\mu_0}{2\pi} \frac{I_1 I_2}{R} \tag{11.28}$$

となります．係数部分に出てくる μ_0 は周囲の空間がどの程度磁気的性質を持つかを示す物性値であり，**透磁率**と言われるものです．指数に違いはありますが，電荷間に作用し合うクーロン力の表現と似た形になっていることが非常に興味深いところですね．

さて，アンペールの発見を数式で表した式 (11.28) は，このままでは遠隔作用の考え方として捉えられてしまいます．そこで，静電場のときと同様に，空間に磁気的性質である**磁場**[注3]という概念を持たせ，近接作用の考え方に対応するよう式を分割してみましょう．電流 I_2 が距離 r だけ離れた点に作る磁場を B_2 とすると，電流 I_1 に作用する力 $F_{2 \to 1}$ は，以下のようになります．

注2 電流の単位であるアンペア〔A〕は彼の名前から付けられました．
注3 正確には，**磁束密度**と名前が付けられています．

$$B_2 = \frac{\mu_0}{2\pi} \frac{I_2}{R} \tag{11.29}$$

$$F_{2\to1} = I_1 B_2 \tag{11.30}$$

アンペールが示した法則は，平行あるいは逆平行な直線電流間に作用する力の大きさに関するものでした．もちろん，当時の物理学者たちは電流が流れる方向を様々に変えた実験を繰り返し行い，特にフランスの物理学者であるビオとサヴァールのコンビは，様々な角度を持った直線電流が作る磁場の法則を実験的に発見し，式 (11.31) のように示しました．彼らの最初の実験は図 11.10 に示すようなもので，直線電流の周囲に小さな棒磁石を絹糸のような糸で吊るして，直線電流が作る磁場によって受ける力による偏向を観察するものでした．当時はまだ安定した一定の電流を流すことができる電池がない時代でしたので，相当な試行錯誤が繰り返されたようです．彼らの実験では，直線電流からの距離を少しずつ変化させて，棒磁石を小さく揺らすことにより各地点における振動周期を測定したようです．直線電流が作る磁場の中に置かれた磁石の方向が磁力線（静電場における電気力線に対応するもの）から偏向すると，棒磁石の揺れを直線電流が作る磁場の方向に戻そうとする力が働きます．その力は揺れが小さいときには揺れ角に比例するので，単振動になります．その結果，その地点における磁場の大きさは，棒磁石の揺れの振動周期の2乗に反比例することになります．このような実験を繰り返し行い，式 (11.31) にたどり着いたようです．

$$\boldsymbol{B} = \frac{\mu_0}{2\pi} \frac{\boldsymbol{I} \times \boldsymbol{R}}{R^2} \tag{11.31}$$

これで，磁場がベクトル量になり，電流間に作用し合う力の方向についてもきちんとした議論ができる式が得られたことになります．さて，この式を注意深く見てみると，図 11.9 に示すように，いわゆる右ねじの法則を言っていることがイメージできるでしょうか．これまでベクトルの外積について議論してきたので，電流とそれが作る磁場の方向を頭の中に描いてみてください．

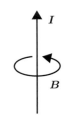

図 11.9 無限に長い直線電流が作る磁場．右ねじの法則に従っている

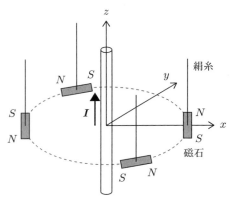

図 11.10 ビオとサヴァールが行った最初の実験（イメージ図）

さて，実験で得られた式 (11.31) を出発点に，静磁場についての理論を構築していってみましょう．静電場の場合，クーロンの法則を出発点として静電場を表す基本方程式（ガウスの法則と名もない法則）にたどり着きました．静磁場についても同様のアプローチで静磁場を表す基本方程式（発散と回転）を求めてみましょう．

ビオ・サヴァールの法則

ビオとサヴァールが実験で得た式 (11.31) は，無限に長い直線電流が作る磁場を与える式です．一方で，様々な経路を持つ電流が作る磁場を求めたい場合などには，微小な電流素片 $\boldsymbol{I}dz$（または $d\boldsymbol{I}$）が作る磁場の式が必要になってきます．なぜならば，考えている全磁場を求めたければ，電流を経路に沿って全積分してあげればよいことになるからです．また，言い換えると，様々な形状をした電流が作る磁場を求めたい場合，電流について積分する式が得られれば，どのような形の電流にも

対応できることになります．これはちょうど静電場においてクーロンの法則を電荷密度で議論したのと同様の考え方に対応しています．

ビオとサヴァールは，様々な電流形状（直線電流ではない）に対応した電流が作る磁場の法則を与える式を求めるため，図 11.11 に示すような実験を行ったようです．この実験では電流を V 字型にするもののようでした．この実験には，大数学者であるラプラスの助言もあったようです．なお電流が V 字型になっているのは，この当時電流が作る磁場は電流に対して垂直方向のみであると考えられていたからであるようです．電流を V 字型にすることで，棒磁石には何の影響も与えないと予想されました．この予想に反し，ビオとサヴァールの実験では棒磁石は V 字型の電流が作る磁場の影響を受け，直線電流のときと同様に棒磁石は振動をするのでした．ラプラスの助言とビオとサヴァールの実験結果により，微小電流素片 $\boldsymbol{I}dz$ が作る微小磁場 $d\boldsymbol{B}$ は，

$$d\boldsymbol{B} = \frac{\mu_0}{4\pi}\frac{\boldsymbol{I} \times \boldsymbol{r}}{|\boldsymbol{r}|^3}dz \tag{11.32}$$

と結論付けられます．この微小電流素片 $\boldsymbol{I}dz$ が作る微小磁場の関係を**ビオ・サヴァールの法則**と呼んでいます．

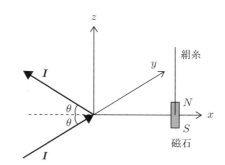

図 11.11 ビオとサヴァールが行った第 2 の実験（イメージ図）

ベクトルポテンシャル

ビオ・サヴァールの法則である式 (11.32) をもう少し考察して，磁場を表す基本的な式（$\boldsymbol{B} = $ となる式）を導出してみましょう．

磁場を観測する位置ベクトルを $\boldsymbol{r}$ とした場合の磁場は，積分を用いて

148　第III部　ベクトル解析がわかれば電磁気学はこわくない

$$B(r) = \frac{\mu_0}{4\pi} \int \frac{j(r') \times (r - r')}{|r - r'|^3} dV' \tag{11.33}$$

となります．また，これはベクトル解析の知識を使うと

$$B(r) = \nabla \times \left[\frac{\mu_0}{4\pi} \int \frac{j(r')}{|r - r'|} dV' \right] \tag{11.34}$$

と書き表すこともできます．

　ここで，

$$A(r) = \frac{\mu_0}{4\pi} \int \frac{j(r')}{|r - r'|} dV' \tag{11.35}$$

とおくと，式 (11.34) は，

$$B(r) = \nabla \times A(r) \tag{11.36}$$

のように簡単に書くことができます．この A を**ベクトルポテンシャル**と呼び，ちょうど静電場のときのスカラーポテンシャル ϕ に対応しています．ただし，これはベクトル量になっていることに注意が必要です．

▶ 静磁場を表す微分方程式

　さて，近接作用の考え方に完全にマッチする表現を得るため，静磁場を表す微分方程式を求めていきましょう．静電場のときと同様に，ベクトル場を表す微分方程式は発散と回転です．先の磁場を表す方程式に発散と回転の演算を行っていきます．式 (11.34) から，直ちに，

$$\nabla \cdot B(r) = 0 \tag{11.37}$$

が求められます．なぜなら，任意のベクトル場 B が任意のベクトル場 A の回転で表されるとき，ベクトル場 B の発散は必ずゼロとなるからです．これはベクトル解析の章で解説したとおりで，成分を計算するまでもなく恒等的に使える関係式なので頭の中に入れておくと便利です．

　次に回転です．この場合，任意のベクトル場 A に関してのベクトル恒等式である $\nabla \times (\nabla \times A) = \nabla(\nabla \cdot A) - \nabla^2 A$ を使います．式 (11.34) の両辺について回転

を計算すると，

$$\nabla \times \boldsymbol{B}(\boldsymbol{r}) = \nabla \times \nabla \times \left(\frac{\mu_0}{4\pi} \int \frac{\boldsymbol{j}(\boldsymbol{r}')}{|\boldsymbol{r} - \boldsymbol{r}'|} dV' \right) \tag{11.38}$$

$$= \frac{\mu_0}{4\pi} \nabla \int \boldsymbol{j}(\boldsymbol{r}') \cdot \nabla \frac{1}{|\boldsymbol{r} - \boldsymbol{r}'|} dV' - \frac{\mu_0}{4\pi} \int \boldsymbol{j}(\boldsymbol{r}') \nabla^2 \frac{1}{|\boldsymbol{r} - \boldsymbol{r}'|} dV'$$

ここでデルタ関数の性質である，

$$\nabla \frac{1}{|\boldsymbol{r} - \boldsymbol{r}'|} = -\nabla' \frac{1}{|\boldsymbol{r} - \boldsymbol{r}'|}, \qquad \nabla^2 \frac{1}{|\boldsymbol{r} - \boldsymbol{r}'|} = -4\pi \delta(\boldsymbol{r} - \boldsymbol{r}') \tag{11.39}$$

を利用します．これらを使うと，

$$\nabla \times \boldsymbol{B}(\boldsymbol{r}) = -\frac{\mu_0}{4\pi} \nabla \int \boldsymbol{j}(\boldsymbol{r}') \cdot \nabla' \frac{1}{|\boldsymbol{r} - \boldsymbol{r}'|} dV' + \mu_0 \int \boldsymbol{j}(\boldsymbol{r}') \delta(\boldsymbol{r} - \boldsymbol{r}') dV'$$

$$= -\frac{\mu_0}{4\pi} \nabla \int \boldsymbol{j}(\boldsymbol{r}') \cdot \nabla' \frac{1}{|\boldsymbol{r} - \boldsymbol{r}'|} dV' + \mu_0 \boldsymbol{j}(\boldsymbol{r}) \tag{11.40}$$

が得られます．ここで右辺第 1 項について部分積分を用いると，

$$\nabla \times \boldsymbol{B}(\boldsymbol{r}) = \frac{\mu_0}{4\pi} \nabla \int \frac{\nabla' \cdot \boldsymbol{j}(\boldsymbol{r}')}{|\boldsymbol{r} - \boldsymbol{r}'|} dV' + \mu_0 \boldsymbol{j}(\boldsymbol{r}) \tag{11.41}$$

と少しまとまった形になってきます．さらに，右辺の第 1 項はゼロとなります．なぜならば，電荷の保存則より静電磁場ではいつでも $\nabla \cdot \boldsymbol{j} = 0$ が成り立つからです[注4]．したがって，静磁場の回転は，

$$\nabla \times \boldsymbol{B}(\boldsymbol{r}) = \mu_0 \boldsymbol{j}(\boldsymbol{r}) \tag{11.42}$$

となります．電流密度は磁場の回転を作ることを言っており，エルステッドの実験結果と一致していることがわかります．

以上で静磁場を表す微分方程式が得られました．以上をまとめると，次のようになります．

[注4]　電荷の保存則とは，電荷は突然湧き出したり消えたりしないという法則です．電流は電荷の流れなので，静電場においては常に電流の発散はゼロになります．

> **静磁場を表す微分方程式**
>
> $$\nabla \cdot \boldsymbol{B} = 0 \qquad \nabla \times \boldsymbol{B} = \mu_0 \boldsymbol{j} \qquad (11.43)$$

ここで，静磁場の発散の式を，静磁場に対する**ガウスの法則**と呼び，回転の式を**アンペールの法則**と呼びます．

静磁場を表す積分方程式

さて，静磁場を表す微分方程式が得られましたが，静電場と同様に，これらをどのように使って電流から磁場を求めてよいのかはわかりませんし，それぞれの式が持っている意味を直感的にイメージすることもまだ難しいです．そこで，静電場のときと同様に微分形の式を積分形に書き改めてみましょう．もちろん，ここでもベクトル解析で登場したガウスの定理とストークスの定理が役立ってきます．

静磁場に対する微分形のガウスの法則（発散の式）の両辺に対して体積積分を行い，ガウスの定理を用いると，以下のようになります．

$$\int_V \nabla \cdot \boldsymbol{B} dV = \int_S \boldsymbol{B} \cdot \boldsymbol{n} dS \qquad (11.44)$$

磁場の発散は常にゼロになるので，結果的に

$$\int_S \boldsymbol{B} \cdot \boldsymbol{n} dS = 0 \qquad (11.45)$$

となります．これが静磁場に対するガウスの法則の積分形になります．この積分形のガウスの法則が言っていることは，

> **積分形のガウスの法則の意味**
>
> ある閉じた空間の表面を貫く磁場ベクトルの総量はゼロになる．

ということです．まだちょっとイメージがしにくいですね．これを本節冒頭の「磁石のふしぎ」で示した磁石の特徴を用いて考えてみましょう．磁石は何度分割しても必ず N 極と S 極のペアで構成されることは経験的に事実でした．これはつま

り，考えている空間にたった1つの磁石があったなら，磁石の N 極から出てくる磁場ベクトル（磁力線[注5]）は必ず自身の S 極に戻ってくるということを意味しています．空間に置かれた1つの磁石を取り囲むように任意の閉曲面を設定してあげると，その閉曲面の表面を貫いて出るまたは入る磁力線の合計はプラスマイナスゼロになります．言い換えると，磁力線は何もないところから突然湧き出したり消滅したりするのではなく，自身から出て自身に戻ってくるということです．ベクトル解析で考えた発散がゼロとなることとイメージが一致します．

次に，回転に関する積分形を求めましょう．回転の式の両辺に対して面積積分を行い，ストークスの定理を用いると，以下のようになります．

$$\int_S \nabla \times \boldsymbol{B} \cdot d\boldsymbol{S} = \oint \boldsymbol{B} \cdot d\boldsymbol{l} \tag{11.46}$$

回転を表す右辺は電流密度に対する面積積分なので，その積分を書き下すと，

$$\oint \boldsymbol{B} \cdot d\boldsymbol{l} = \mu_0 \int_S \boldsymbol{j} \cdot d\boldsymbol{S} \tag{11.47}$$

となります．この積分の方向をイメージすると，アンペールが発見した直線電流が作る磁場の方向が右ねじの法則に従っていることがイメージできます．

静磁場のまとめ

静磁場の基本法則を，近接作用の考え方に完全にマッチする形として導いてきました．特に静磁場を表す微分方程式は，電流が存在するとその周囲に磁場ができることを示しています．また，ガウスの法則は磁場は突然湧き出したり消滅したりしないということを，アンペールの法則は電流が作る磁場の方向は右ねじの法則に従っていることを示しています．

重要な結果をまとめると，以下のようになります．

注5　電場ベクトルを電気力線を用いて表現したように，磁場ベクトルを磁力線で表現します．

> **静磁場のまとめ**
>
> 静電場を表す微分方程式
>
> $\nabla \cdot \boldsymbol{B} = 0$：微分形のガウスの法則
>
> $\nabla \times \boldsymbol{B} = \mu_0 \boldsymbol{j}$：微分形のアンペールの法則
>
> 静電場を表す積分方程式
>
> $\int_S \boldsymbol{B} \cdot \boldsymbol{n} dS = 0$：積分形のガウスの法則
>
> $\oint \boldsymbol{B} \cdot d\boldsymbol{l} = \mu_0 \int_S \boldsymbol{j} \cdot \boldsymbol{n} dS$：積分形のアンペールの法則
>
> ベクトルポテンシャル $\boldsymbol{A}$ を導入し，静磁場を
>
> $\boldsymbol{B} = \nabla \times \boldsymbol{A}$
>
> と簡単に表現することができる．
>
>

[問題]

半径 a の無限に長い円柱状の導線に電流 I が一様に流れているとき，導線内外に生じる磁場（磁束密度）$\boldsymbol{B}$ を求めなさい．

[解答例]

・円柱の外部（$r \geq a$）の場合

次の図のように電流と同心軸となる半径 r の円を考えると，右ねじの法則から磁場は円の接線方向となることがわかる．

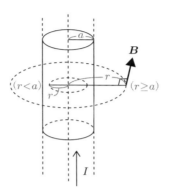

図 11.12 直流電流が作る磁場

積分形のアンペールの法則を適用すると，

$$B \cdot 2\pi r = \mu_0 I \tag{11.48}$$

よって，

$$B = \frac{\mu_0 I}{2\pi r} \tag{11.49}$$

・円柱の内部（$r < a$）の場合

半径 r の円を貫く電流は，面積比から $I \cdot \dfrac{r^2}{a^2}$ となる．よって，この場合のアンペールの法則は，

$$B \cdot 2\pi r = \mu_0 I \cdot \frac{r^2}{a^2} \tag{11.50}$$

したがって，

$$B = \frac{\mu_0 I}{2\pi r} \tag{11.51}$$

以上より，磁場の動径方向に対する変化は次の図のようになる．

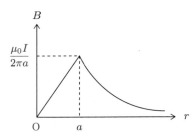

図 11.13 動径方向に対する磁場の変化

第 **12** 章

時間変動がある場合の 電磁場の世界

1 電荷保存の法則と変位電流

2 ファラデーの電磁誘導の法則

3 まとめ——マクスウェルの方程式

1 電荷保存の法則と変位電流

　静電磁場の世界では，電荷量や電流は時間的に一定な（変動がない）場合を考えていました．しかし，実際の世界では電荷量や電流は時間的に変動する現象が多くあります．その場合の電場や磁場はどのような振る舞いをするのでしょうか．本章では，電荷や電流が変化すると電場や磁場にも影響を及ぼすことになるので，それらの関係を見ていくことにしましょう．

▶ 電荷保存の法則

　静電磁場の場合，ある空間に静止している電荷は消滅したり，湧き出たりすることはないというのがわかっています．このことは，電荷の総量は時間的に変化しないということに等しいです．これが**電荷保存の法則**です．ちょうど力学のエネルギー保存則や質量保存則に類似したものになります．これは数学的に言うと，電荷量の時間微分はゼロということになります．すなわち，ある空間内にある電荷の密度を ρ [C/m^3] とすると，静電磁場においては，

$$-\frac{d\rho}{dt} = \nabla \cdot \boldsymbol{j} = 0 \tag{12.1}$$

が成り立つことになります．

　次に電荷が動いている場合，つまり時間的に電荷量が変化している場合を考えてみましょう．電流の定義は単位時間あたりに移動する電荷量でした．このことを考えると，ある任意の空間中の電荷量が変化するということは，その体積を囲んでいる壁を通して電荷の移動（任意の体積中から電荷が出ていく，または外から電荷が入ってくる）が起きなくてはなりません．よって，ある任意の空間中の電荷の総量の変化は，その壁を通しての電流の流れの積分に等しくなるはずです（図12.1）．このことから，単位時間あたりの電荷の総量の変化は，壁を通して流れる電流の積分に等しくなります．任意体積の外側に向かった法線単位ベクトルを $\boldsymbol{n}$ とすると，これらの関係は

$$-\frac{d}{dt}\int \rho dV = \int \boldsymbol{j} \cdot \boldsymbol{n} dS \tag{12.2}$$

となります．この式を時間変化がある場合の**積分形の電荷保存の法則**と言ってもよいでしょう．また，この式の右辺にガウスの定理を使うと，

$$-\frac{d}{dt}\int \rho dV = \int \nabla \cdot \boldsymbol{j} dV \tag{12.3}$$

が得られます．この積分が任意の領域で成り立つことと，電荷密度は場所と時間の関数であることを考えると，

$$-\frac{\partial \rho}{\partial t} = \nabla \cdot \boldsymbol{j} \tag{12.4}$$

となります．これは電荷の保存則を微分方程式で表したものになるので，**微分形の電荷保存の法則**となります．

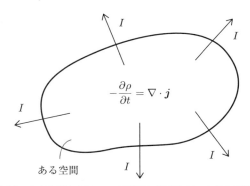

図 12.1 電荷保存の法則．ある空間から出ていく電荷量（電流）は，内部の電荷量の時間変化に等しい

▶マクスウェルの変位電流

時間的に変動する場合，静電場を表す 4 つの式

$$\nabla \cdot \boldsymbol{E} = \frac{\rho}{\varepsilon_0} \tag{12.5}$$

$$\nabla \times \boldsymbol{E} = \boldsymbol{0} \tag{12.6}$$

$$\nabla \cdot \boldsymbol{B} = 0 \tag{12.7}$$

$$\nabla \times \boldsymbol{B} = \mu_0 \boldsymbol{j} \tag{12.8}$$

はどのように変わるのでしょうか. まずは静電磁場を表す式からスタートして, 電荷保存の法則を満たすように, 基本法則を探してみることにしましょう.

まずは静電場におけるガウスの法則である式 (12.5) ですが, 電荷が時間的に変化した場合, つまり電荷密度が空間と時間の関数 $\rho(\boldsymbol{r}, t)$ となった場合, 電場もまた空間と時間の関数 $\boldsymbol{E}(\boldsymbol{r}, t)$ となることから, 電荷密度の時間変化に伴って発散の量も変化することがわかります. すなわち, 時間変動がある場合でも,

$$\nabla \cdot \boldsymbol{E} = \frac{\rho}{\varepsilon_0} \tag{12.9}$$

が成り立ちます.

次に磁場に関するガウスの法則ですが, これは磁石について行った考察と同様, 時間変化がある場合でもその発散はゼロとなることが想像できます. よって, 時間変動がある場合でも,

$$\nabla \cdot \boldsymbol{B} = 0 \tag{12.10}$$

が成り立ちます. 一方, 静電磁場において名もない法則とアンペールの法則はどのようになるのでしょうか. これについては直感的にイメージすることができないので, 電荷保存の法則を満たすように式を変形することで考察してみましょう.

まずはアンペールの法則である式 (12.8) について考えてみます. 両辺の発散を計算した場合, 左辺は $\nabla \cdot (\nabla \times \boldsymbol{B}) = 0$ になるので,

$$0 = \mu_0 (\nabla \cdot \boldsymbol{j}) \tag{12.11}$$

となり, μ_0 は定数なので $\nabla \cdot \boldsymbol{j} = 0$ となってしまいます. 今, 電荷に時間変動がある場合, すなわち $-\frac{\partial \rho}{\partial t} = \nabla \cdot \boldsymbol{j} \neq 0$ の場合を考えているので, 電荷保存の法則を満たしていません. そこで, 仮に式 (12.8) の発散が

$$\nabla \cdot (\nabla \times \boldsymbol{B}) = \mu_0 \left(\nabla \cdot \boldsymbol{j} + \frac{\partial \rho}{\partial t} \right) \tag{12.12}$$

と書けるとします. そして式 (12.5) を用いて以下のように式を整理していきます.

$$\nabla \cdot (\nabla \times \boldsymbol{B}) = \mu_0 \left(\nabla \cdot \boldsymbol{j} + \frac{\partial \rho}{\partial t} \right)$$

$$= \mu_0 \left[\nabla \cdot \boldsymbol{j} + \varepsilon_0 \frac{\partial}{\partial t} \left(\nabla \cdot \boldsymbol{E} \right) \right]$$

$$= \nabla \cdot \mu_0 \left(\boldsymbol{j} + \varepsilon_0 \frac{\partial \boldsymbol{E}}{\partial t} \right) \tag{12.13}$$

ここでの ∇ 演算子の微分対象となる関数は両辺とも同じなので，時間変動がある場合の式 (12.8) は，

$$\nabla \times \boldsymbol{B} = \mu_0 \boldsymbol{j} + \varepsilon_0 \mu_0 \frac{\partial \boldsymbol{E}}{\partial t} \tag{12.14}$$

と書き換えられることになります．この式は，両辺の発散を計算することにより電荷保存の法則を満たしていることを確認できます．この式の発散を計算すると，先ほどと同様に左辺は $\nabla \cdot (\nabla \times \boldsymbol{B}) = 0$ になります．一方，右辺は

$$\nabla \cdot \left(\mu_0 \boldsymbol{j} + \varepsilon_0 \mu_0 \frac{\partial \boldsymbol{E}}{\partial t} \right) = \mu_0 \left(\nabla \cdot \boldsymbol{j} \right) + \varepsilon_0 \mu_0 \frac{\partial}{\partial t} \left(\nabla \cdot \boldsymbol{E} \right)$$

$$= \mu_0 \left(\nabla \cdot \boldsymbol{j} \right) + \varepsilon_0 \mu_0 \frac{\partial}{\partial t} \left(\frac{\rho}{\varepsilon_0} \right)$$

$$= \mu_0 \left(\nabla \cdot \boldsymbol{j} + \frac{\partial \rho}{\partial t} \right) = 0 \tag{12.15}$$

となり，μ_0 は定数ですので電荷保存の法則を満たしていることがわかります．式 (12.14) において追加された項 $\varepsilon_0 \mu_0 \dfrac{\partial \boldsymbol{E}}{\partial t}$ は**変位電流**または**変位電流密度**と呼ばれ，式 (12.8) は**アンペール・マクスウェルの法則**と呼ばれています．

2 ファラデーの電磁誘導の法則

ここまでは電荷の保存則を満たすように静電磁場の式を書き換えてきました．しかし，時間的に電荷と電流が変動する場合の電磁場の微分方程式はまだ完成していません．静電場における回転（名もない法則）がどのように変わるかが残っています．そこで登場してくるのが，有名なファラデーの電磁誘導の法則です．

▶ ファラデーによる電磁誘導の法則の発見

エルステッドによって電流による磁気的作用についての論文が発表された後，この論文を読んだイギリスの化学者であり物理学者でもあるマイケル・ファラデーは，逆に磁場もまた電流を作ると考え，研究を開始しました．あくまでイメージですが，図12.2のような回路を製作して実験を行ったようです．まずは，一次側となる閉回路Aに一定の電流を流します．すると，エルステッドの実験結果と同じように鉄心の中に磁場が発生します．最初，ファラデーは閉回路Aによって生じた磁場により，二次的に閉回路Bにも一定の電流が流れると考えました．しかし，予想とは逆に二次側の回路Bには電流は流れませんでした．いろいろと試行錯誤を繰り返した結果，偶然にも閉回路AのスイッチをON/OFFした瞬間（そのときにだけ）に，電流計がぴょこんと反応することを発見したのです．

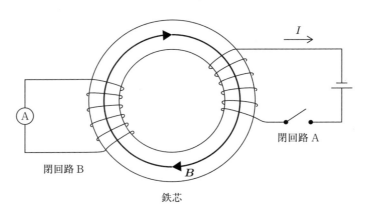

図 12.2 ファラデーの電磁誘導の実験

閉回路 B に電流が流れるのは，回路内に電圧（電位差）が発生したためです．この電圧を**誘導起電力**と言い，ファラデーのこの実験結果から，この誘導起電力は回路を貫く磁束 ϕ の時間的な変化に比例することがわかりました．そして起電力の方向（電流が流れる方向）は，誘導起電力によって発生した誘導電流による磁束が回路を貫く磁束の変化を妨げるようになっていることが測定で明らかになりました．このことを数学を用いて表現すると，誘導起電力 $\mathcal{V} = \oint \boldsymbol{E} \cdot d\boldsymbol{l}$ として，

$$
\begin{aligned}
\mathcal{V} &= -\frac{d\phi}{dt} \\
&= -\frac{d}{dt} \int \boldsymbol{B} \cdot \boldsymbol{n} dS
\end{aligned}
\tag{12.16}
$$

と書けます．これを電磁場を表す微分方程式に導入してみると，電圧は電場の周回積分で与えられるので，

$$
\oint \boldsymbol{E} \cdot d\boldsymbol{l} = -\frac{d}{dt} \int \boldsymbol{B} \cdot \boldsymbol{n} dS
\tag{12.17}
$$

となります．これがファラデーが発見した**電磁誘導の法則**を式で表現したものになります．特に，式が積分で構成されているため，**積分形の電磁誘導の法則**と呼ばれる場合もあります．

　他の法則と同様，電磁誘導の法則についても微分形を求めておくことにしましょう．ここでもやはり，ベクトル解析で登場したストークスの定理が役立ちます．式 (12.17) の左辺にストークスの定理を適用し，右辺の時間微分を積分の中に入れると，

$$
\int \nabla \times \boldsymbol{E} \cdot \boldsymbol{n} dS = -\int \frac{\partial \boldsymbol{B}}{\partial t} \cdot \boldsymbol{n} dS
\tag{12.18}
$$

となります．両辺の被積分関数が等しいので，

$$
\nabla \times \boldsymbol{E} = -\frac{\partial \boldsymbol{B}}{\partial t}
\tag{12.19}
$$

となります．これが微分形のファラデーの電磁誘導の法則になります．

まとめ ——マクスウェルの方程式

静電場を記述する式から出発し、電荷の保存則とファラデーの電磁誘導の法則が成り立つように、電磁場の発散と回転の式を変形してみました。この結果により、電磁場および電荷密度 ρ と電流密度 j の全ての変数に時間の項を含ませることができます。全て書き出すと、

マクスウェルの方程式

$\nabla \cdot \boldsymbol{E} = \dfrac{\rho}{\varepsilon_0}$ ：電場に対するガウスの法則

$\nabla \cdot \boldsymbol{B} = 0$ ：磁場に対するガウスの法則

$\nabla \times \boldsymbol{E} = -\dfrac{\partial \boldsymbol{B}}{\partial t}$ ：ファラデーの電磁誘導の法則

$\nabla \times \boldsymbol{B} = \mu_0 \boldsymbol{j} + \varepsilon_0 \mu_0 \dfrac{\partial \boldsymbol{E}}{\partial t}$ ：アンペール・マクスウェルの法則

となります。変数はいずれも位置 r と時間 t の関数となっています。これが電磁場を記述する完全な方程式[注1]となります。

この4つの式は**マクスウェルの方程式**と呼ばれており、これまで別々の現象として実験・考察されてきた電磁気的現象を4組の微分方程式で包括する、電磁気学における基本方程式となっています。この4つの微分方程式はスコットランド生まれの物理学者マクスウェルによって取りまとめられました。当初マクスウェルによって示された方程式はもう少し複雑な表現をしていたようで、上に示した式の形状に最終的にまとめあげたのは、電磁波を発見したドイツの物理学者であるヘルツであると言われています。しかし、時間変動に対応するために変位電流の導入を行い、複雑な電磁気学の世界を統一したマクスウェルの功績は極めて大きいものと言えます。このマクスウェルの方程式こそ、ニュートンの運動方程式と肩を並べる古典物理学の大黒柱となっています。理論的に電磁波の存在を提唱したのもマクスウェルでしたが、とても残念ながら胃がんのため48歳の若さでこの世を去っています。

注1　時間に関する項を全てゼロにすれば、静電磁場を表す微分方程式が得られます。

第 **13** 章

電磁波の伝搬？
電波はどうやって
伝わっているのか

1 波動方程式は難しい？

2 電磁波の伝搬をイメージしてみよう

波動方程式は難しい？

　これまで，電場や磁場を近接作用に従う形で議論してきました．近接作用の考え方とは，電荷が周りの空間に電気的性質である電場を作り，その電場が有限の時間を持って離れた点にある別の電荷に作用するという考え方でした．携帯電話やテレビ放送が，離れた地点間の通信手段として普及した事実は，これから登場する電磁波によるものです．

　電場や磁場は，電荷と電流によって発生しました．これと同様に電磁波もまた電荷や電流の時間変化によって発生します．ここではまず，真空中で電荷や電流から十分に離れた場所（これを**自由空間**と呼びます）における電磁場の振る舞いを考えてみましょう．自由空間では電荷と電流は存在していないので，電荷密度 ρ と電流密度 j はゼロとなります．したがってマクスウェルの方程式は以下のようになります．

$$\nabla \cdot \boldsymbol{E} = 0 \tag{13.1}$$

$$\nabla \cdot \boldsymbol{B} = 0 \tag{13.2}$$

$$\nabla \times \boldsymbol{E} + \frac{\partial \boldsymbol{B}}{\partial t} = \boldsymbol{0} \tag{13.3}$$

$$\nabla \times \boldsymbol{B} - \varepsilon_0 \mu_0 \frac{\partial \boldsymbol{E}}{\partial t} = \boldsymbol{0} \tag{13.4}$$

　自由空間のマクスウェルの方程式は，電場および磁場ベクトルが混在した偏微分方程式の複合体となっています．そのため，これを直接解いてマクスウェルの方程式全ての条件を満たす解を探していくのはとても大変な作業になってしまいます．そこで，少しでも簡単に考えるために，このマクスウェルの方程式を電場，磁場それぞれ独立の方程式に書き換えることを考えてみましょう．

　まず，電場ベクトルが独立して満たす微分方程式を見つけてみましょう．
　式 (13.3) の両辺の回転をとると，

第 13 章　電磁波の伝搬？　電波はどうやって伝わっているのか　165

$$0 = \nabla \times \nabla \times \boldsymbol{E} + \frac{\partial}{\partial t}(\nabla \times \boldsymbol{B})$$

式 (13.4) より

$$= \nabla \times \nabla \times \boldsymbol{E} + \varepsilon_0 \mu_0 \frac{\partial^2 \boldsymbol{E}}{\partial t^2} \tag{13.5}$$

となり，電場のみの式にできます．この右辺第 1 項でベクトル恒等式 $\nabla \times \nabla \times \boldsymbol{A} = \nabla(\nabla \cdot \boldsymbol{A}) - \nabla^2 \boldsymbol{A}$ を使うことで，

$$0 = \nabla(\nabla \cdot \boldsymbol{E}) - \nabla^2 \boldsymbol{E} + \varepsilon_0 \mu_0 \frac{\partial^2 \boldsymbol{E}}{\partial t^2}$$

式 (13.1) より

$$= -\nabla^2 \boldsymbol{E} + \varepsilon_0 \mu_0 \frac{\partial^2 \boldsymbol{E}}{\partial t^2} \tag{13.6}$$

と変形できます．これで，電場のみの微分方程式が得られました．

　次に磁場についても同様の式が得られるかを考えてみましょう．式 (13.4) の両辺の回転をとることから始めると，

$$0 = \nabla \times \nabla \times \boldsymbol{B} - \varepsilon_0 \mu_0 \frac{\partial}{\partial t}(\nabla \times \boldsymbol{E})$$

$\nabla \times \nabla \times \boldsymbol{A} = \nabla(\nabla \cdot \boldsymbol{A}) - \nabla^2 \boldsymbol{A}$ と式 (13.3) より

$$= \nabla(\nabla \cdot \boldsymbol{B}) - \nabla^2 \boldsymbol{B} + \varepsilon_0 \mu_0 \frac{\partial^2 \boldsymbol{B}}{\partial t^2}$$

式 (13.2) より

$$= -\nabla^2 \boldsymbol{B} + \varepsilon_0 \mu_0 \frac{\partial^2 \boldsymbol{B}}{\partial t^2} \tag{13.7}$$

となります．以上の結果により，自由空間中での電場と磁場を表す 2 組の方程式

$$\nabla^2 \boldsymbol{E} - \varepsilon_0 \mu_0 \frac{\partial^2 \boldsymbol{E}}{\partial t^2} = 0 \tag{13.8}$$

$$\nabla^2 \boldsymbol{B} - \varepsilon_0 \mu_0 \frac{\partial^2 \boldsymbol{B}}{\partial t^2} = 0 \tag{13.9}$$

が得られました．これら 2 つの方程式は，全く同じ形をしており，**"空間の 2 階微分は時間の 2 階微分に等しい"** という形になっています．応用解析や微分積分学で登場してくる**波動方程式**という偏微分方程式の形をしています．波動となれば，近

接作用の考え方をイメージしやすくなってきます．空間の電場と磁場は波動として空間を伝搬していることになるからです．ラジオや携帯電話，テレビ放送を直感的にイメージしてみてください．基地局から発信された電場と磁場は波として空間を伝わり，家に設置しているアンテナや携帯電話で受信しています．

　次に興味が湧いてくるのは，これら電場と磁場を表す波動方程式が，マクスウェルの方程式を全て満たすときにどのような条件を持っているかです．言い換えると，電場や磁場の波はどのように空間を伝搬しているかということです．マクスウェルの方程式から1つひとつ満たす条件を探し，伝搬の様子を考えていくことにしてみましょう．

電磁波の伝搬をイメージしてみよう

ここでは，先ほどの電場と磁場の波動方程式の最も単純な解である3次元平面波を直交座標系で考え，電場や磁場の波がどのように伝搬しているのか，その性質について見ていきましょう．

▶平面波？

先ほど導出したとおり，自由空間における電場を表す式 (13.8) は波動方程式となっており，波動と名前が付いているように，その解は波の形になっています．波といってもベクトルである電場および磁場の波です．ここではこの波動方程式の解として，

$$\boldsymbol{E}(\boldsymbol{r},t) = \boldsymbol{E}_0 \sin(\boldsymbol{k}_E \cdot \boldsymbol{r} - \omega_E t) \tag{13.10}$$

を仮定しておきましょう．三角関数である sin は波の形になっていることは容易に想像できますね．ここで，$\boldsymbol{k}_E$ は波数ベクトルと呼ばれるもので，その添字の E は電場の波であることを示しています．後で磁場についても同様の考察をするため，電場の波数と磁場の波数を識別できるようにしておきます．波数ベクトルとは，1次元問題の波数（$k = 2\pi/\lambda$）と同じものになり，単位長さあたりに含まれる波の数を表します．この解の式のパラメーター（$\boldsymbol{k}_E, \boldsymbol{r}, \omega_E, t$）を適当に決めれば，これは元の波動方程式の解の1つとなります（波動方程式にこの解を代入すると，両辺が一致して解として正しいことが確認できます）．

ここで，$\boldsymbol{k}_E$ はベクトルなので，直交座標系では，

$$\boldsymbol{k}_E = (k_{E_x}, k_{E_y}, k_{E_z}) \tag{13.11}$$

と成分で書き表すことができます．ここで $\boldsymbol{r}$ は座標原点からの位置を表すベクトルなので，

$$\boldsymbol{r} = (x, y, z) \tag{13.12}$$

168 ▷ 第III部　ベクトル解析がわかれば電磁気学はこわくない

となります．したがって，式 (13.10) 中の $k_E \cdot r$ の演算はベクトルの内積（スカラー積）なので，$k_{E_x}x + k_{E_y}y + k_{E_z}z$ と書き表すことができます．

　次に波数ベクトル k の意味を考えてみましょう．式 (13.10) 中の $k \cdot r - \omega t$ は，位相と言われるものです．そこで，この位相が一定となる場所 r，つまり "波面" がどうなっているのかを考えます．一定となる位相を ϕ_0 で表現すると，$k \cdot r - \omega t = \phi_0$ なので，

$$k \cdot r = \phi_0 + \omega t \tag{13.13}$$

となります．もちろん，波面はある瞬間の状態なので，同じ波面の上では右辺は一定の値となります．このことから，$k \cdot r$ が一定の値の場所を結ぶと波面となることがわかります．もちろん，k は波によって決まった値（波長によって決まった値）なので，定数です．したがって，式 $k \cdot r$ はベクトルの内積の幾何学的イメージを思い返せば，ベクトル r の k 軸への射影となります．これが一定の面は，図 13.1 のように平面となることがわかります．そして，この平面（波面）は k と垂直になり，k の方向に移動します．このように，波の等位相面が平面になっている波を**平面波**と言います．波動方程式の解を式 (13.10) とすると，電場の波は平面波になっていることがわかりました．

　ここまで議論を深めてきたので，もう少しだけ波の性質を追いかけてみましょう．t と $t + \Delta t$ 秒の位相 ϕ_0 の波面の位置をそれぞれ，r と $r + \Delta r$ とすると，

$$k \cdot r = \phi_0 + \omega t \tag{13.14}$$
$$k \cdot (r + \Delta r) = \phi_0 + \omega(t + \Delta t) \tag{13.15}$$

となります．この式の辺々を引くと以下のようになります．

$$k \cdot \Delta r = \omega \Delta t \tag{13.16}$$

成分で書き表すと，

$$k_x \Delta x = \omega \Delta t \qquad k_y \Delta y = \omega \Delta t \qquad k_z \Delta z = \omega \Delta t \tag{13.17}$$

となります．これらの式からそれぞれの波面の速度成分 v_x, v_y, v_z は，

$$v_x = \frac{\Delta x}{\Delta t} = \frac{\omega}{k_x} \qquad v_y = \frac{\Delta y}{\Delta t} = \frac{\omega}{k_y} \qquad v_z = \frac{\Delta z}{\Delta t} = \frac{\omega}{k_z} \tag{13.18}$$

と書き表すことができます．これは各成分の波面が移動する速度を意味しており，**位相速度**と呼ばれます．成分で表された位相速度をベクトルで書き表すと，

$$\boldsymbol{v} = \frac{\omega}{|\boldsymbol{k}|} \frac{\boldsymbol{k}}{|\boldsymbol{k}|} \tag{13.19}$$

となります．右辺の $\omega/|\boldsymbol{k}|$ は速度の大きさ，$\boldsymbol{k}/|\boldsymbol{k}|$ は方向を表す単位ベクトルになっています．

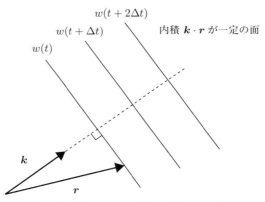

図 13.1 波面と波数ベクトル $\boldsymbol{k}$ との関係

次に，この平面波がマクスウェルの方程式から導かれた波動方程式 (13.8) の解となっているためには，パラメーターである角振動数 ω_E と波数ベクトル $\boldsymbol{k}_E$ はどのような関係になっている必要があるかを見てみましょう．それを調べるには，式 (13.10) を式 (13.8) の中に入れてみます．すると，

$$\begin{aligned}
&\nabla^2 \boldsymbol{E} - \varepsilon_0 \mu_0 \frac{\partial^2 \boldsymbol{E}}{\partial t^2} \\
&= \left(\nabla^2 - \varepsilon_0 \mu_0 \frac{\partial^2}{\partial t^2} \right) \boldsymbol{E} \\
&= \left(\frac{\partial^2}{\partial x^2} + \frac{\partial^2}{\partial y^2} + \frac{\partial^2}{\partial z^2} - \varepsilon_0 \mu_0 \frac{\partial^2}{\partial t^2} \right) (E_x, E_y, E_z) \\
&\quad \times \sin(k_{E_x} x + k_{E_y} y + k_{E_z} z - \omega_E t)
\end{aligned}$$

$$
= -(E_x, E_y, E_z)(k_{E_x}^2 + k_{E_y}^2 + k_{E_z}^2 - \varepsilon_0\mu_0\omega_E^2)
$$
$$
\times \sin(k_{E_x}x + k_{E_y}y + k_{E_z}z - \omega_E t) \tag{13.20}
$$

となります．式 (13.8) が成り立つために，この右辺は恒等的にゼロになる必要があります．(E_x, E_y, E_z) は波の振幅の最大値を表す定ベクトルになりますから，常にこの式が成り立つための条件は，

$$
k_{E_x}^2 + k_{E_y}^2 + k_{E_z}^2 - \varepsilon_0\mu_0\omega_E^2 = 0 \tag{13.21}
$$

です．波数ベクトル $\boldsymbol{k}_E$ と角振動数 ω_E の関係を表したこの式のことを**分散関係**と言います．

　この式を使って，波の速度を計算してみましょう．波の速度の大きさは，式 (13.19) から，

$$
\begin{aligned}
v &= \frac{\omega_E}{|\boldsymbol{k}_E|} \\
&= \sqrt{\frac{\omega_E^2}{k_{E_x}^2 + k_{E_y}^2 + k_{E_z}^2}} \\
&= \frac{1}{\sqrt{\varepsilon_0\mu_0}}
\end{aligned} \tag{13.22}
$$

となることがわかります．つまり，電磁波の速度は誘電率と透磁率から求めることができます．真空中における誘電率と透磁率はそれぞれ，$\varepsilon_0 = 8.854 \times 10^{12}$，$\mu_0 = 4\pi \times 10^{-7}$ なので，電場の波の速度は約 $2.997 \times 10^8 [\mathrm{m/s}]$ となります．驚くべきことに，なんと光の速度と同じなのです．光の速度の定義は，空間の誘電率と透磁率によって決まるということがわかりました．今後は光の速度を c として，

$$
c = \frac{1}{\sqrt{\varepsilon_0\mu_0}} \tag{13.23}
$$

の記号を用いることにしましょう．

　ここまでは電場の平面波について考え，式 (13.10) が自由空間中のマクスウェルの方程式の解の 1 つになっていることを示しました．同様に磁場の平面波

$$
\boldsymbol{B}(\boldsymbol{r}, t) = \boldsymbol{B}_0 \sin(\boldsymbol{k}_B \cdot \boldsymbol{r} - \omega_B t) \tag{13.24}
$$

第13章 電磁波の伝搬？ 電波はどうやって伝わっているのか　171

も全く同じ形をしていることから，マクスウェルの方程式の解になっていることは
明らかです．

　これで，電場と磁場の波動としての特徴がわかりました．次は，波動としての
電場および磁場がどのような伝搬の仕方をしているのかを見ていくことにしま
しょう．

▷ 電場や磁場の波は横波？ 縦波？

　波動方程式の解となっている $E(r, t)$ と $B(r, t)$ を自由空間におけるマクスウェ
ルの方程式の式 (13.1)～(13.4) に当てはめて，真の解となるための条件を探し，電場
や磁場がどのような波として伝搬しているのかを考えてみましょう．

電場ベクトルと波の進行方向の関係

　まずは，電場 E と磁場 B，そして波の移動方向 k との関係を調べてみます．ま
ずは電場で，式 (13.1) に平面波の式 (13.10) を代入すると，

$$
\begin{aligned}
\nabla \cdot E &= \nabla \cdot [E_0 \sin(k_E \cdot r - \omega_E t)] \\
&= (\nabla \cdot E_0) \sin(k_E \cdot r - \omega_E t) + E_0 \cdot \nabla[\sin(k_E \cdot r - \omega_E t)] \\
&\quad\quad \nabla \cdot E_0 \text{ はゼロになるので，} \\
&= (E_{0_x}, E_{0_y}, E_{0_z}) \cdot \left(\frac{\partial}{\partial x}, \frac{\partial}{\partial y}, \frac{\partial}{\partial z} \right) \sin(k_{E_x} x + k_{E_y} y + k_{E_z} z - \omega_E t) \\
&= (E_{0_x}, E_{0_y}, E_{0_z}) \cdot (k_{E_x}, k_{E_y}, k_{E_z}) \cos(k_{E_x} x + k_{E_y} y + k_{E_z} z - \omega_E t) \\
&= E_0 \cdot k_E \cos(k_E \cdot r - \omega_E t) \tag{13.25}
\end{aligned}
$$

となります．自由空間では $\nabla \cdot E$ がゼロになるので，この式の右辺も恒等的にゼロ
となる必要があります．これが常に成り立つ条件は，

$$
E_0 \cdot k_E = 0 \tag{13.26}
$$

です．これはベクトル E_0 と k_E のスカラー積についてその幾何学的なイメージを
想像すると，**電場と平面波の進む方向が直交している**ことがわかります．すなわ
ち，**電場の波は横波**となっているのです．

172 ▷ 第Ⅲ部　ベクトル解析がわかれば電磁気学はこわくない

磁場ベクトルと波の進行方向の関係

電場の波の式 (13.10) と磁場の波の式 (13.24) は全く同じ形をしています．また，電場の発散の式 (13.1) と磁場の発散の式 (13.2) も同じ形になっています．したがって，磁場の場合も，

$$\boldsymbol{B}_0 \cdot \boldsymbol{k}_B = 0 \tag{13.27}$$

が成り立ちます．やはり，磁場と平面波の進む方向は直交しており，**磁場の波は横波**になっていることがわかります．

残りのマクスウェルの方程式を満たす条件

平面波について，残りのマクスウェルの方程式を満たすためにはどのような条件が必要となってくるでしょうか．

まずは，式 (13.3) を考えてみましょう．この式の左辺は

$$\nabla \times \boldsymbol{E} + \frac{\partial \boldsymbol{B}}{\partial t}$$
$$= \nabla \times [\boldsymbol{E}_0 \sin(\boldsymbol{k}_E \cdot \boldsymbol{r} - \omega_E t)] + \frac{\partial}{\partial t} [\boldsymbol{B}_0 \sin(\boldsymbol{k}_B \cdot \boldsymbol{r} - \omega_B t)]$$

ここでベクトル恒等式，$\nabla \times \phi \boldsymbol{A} = \nabla\phi \times \boldsymbol{A} + \phi(\nabla \times \boldsymbol{A})$ を使うと

$$= \nabla[\sin(\boldsymbol{k}_E \cdot \boldsymbol{r} - \omega_E t)] \times \boldsymbol{E}_0 + \sin(\boldsymbol{k}_E \cdot \boldsymbol{r} - \omega_E t + \theta_E)\nabla \times \boldsymbol{E}_0$$
$$- \omega_B \boldsymbol{B}_0 \cos(\boldsymbol{k}_B \cdot \boldsymbol{r} - \omega_B t)$$

$\boldsymbol{E}_0$ は定ベクトルなので，$\nabla \times \boldsymbol{E}_0$ はゼロとなり，

$$= \boldsymbol{k}_E \times \boldsymbol{E}_0 \cos(\boldsymbol{k}_E \cdot \boldsymbol{r} - \omega_E t) - \omega_B \boldsymbol{B}_0 \cos(\boldsymbol{k}_B \cdot \boldsymbol{r} - \omega_B t) \tag{13.28}$$

となります．これが，恒等的にゼロにならなければなりません．そのための条件は，

$$\boldsymbol{k}_E \times \boldsymbol{E}_0 - \omega_B \boldsymbol{B}_0 = 0 \qquad \boldsymbol{k}_E = \boldsymbol{k}_B \qquad \omega_E = \omega_B \tag{13.29}$$

です．つまり，**電場と磁場の波の周波数と波数，位相が等しい**ということです．さらには，**電場と磁場，波の進む方向の 3 つは直交している**ことがわかります．これ以降，ω_E と ω_B は ω，$\boldsymbol{k}_E$ と $\boldsymbol{k}_B$ は $\boldsymbol{k}$ と書くことにします．

これまでの全ての議論から，

> **電場と磁場の波の関係**
> - 電場と磁場,波の進む方向は全て直交している.
> - 電場と磁場は同じ振動数,同じ波数,同じ位相である.

ということがわかりました.これらはとても重要な条件です.

残りは,マクスウェルの方程式の (13.4) です.この式を計算しやすくするために,$c = 1/\sqrt{\varepsilon_0 \mu_0}$ を使って,

$$\nabla \times \boldsymbol{B} - \frac{1}{c^2}\frac{\partial \boldsymbol{E}}{\partial t} = \boldsymbol{0} \tag{13.30}$$

と書き直しておきます.この式は (13.4) とほとんど同じなので,電場や磁場の波の式を代入した結果は,

$$\left(\boldsymbol{k} \times \boldsymbol{B}_0 + \frac{\omega}{c^2}\boldsymbol{E}_0\right)\cos(\boldsymbol{k}\cdot\boldsymbol{r} - \omega t) = \boldsymbol{0} \tag{13.31}$$

と直ちにわかります.これが常に成り立つための条件は,

$$\boldsymbol{k} \times \boldsymbol{B}_0 + \frac{\omega}{c^2}\boldsymbol{E}_0 = \boldsymbol{0} \tag{13.32}$$

です.やはり,電場と磁場,電場と波の方向は直交していることがわかります.

これまでのところ,電場と磁場,波の進む方向がおのおの直交していれば,波の方程式 (13.10) と (13.24) は同時に成り立つことがわかりました.残りは,式 (13.29) と (13.32) が同時に成立する条件です.これは,

$$\boldsymbol{k} \times \boldsymbol{E}_0 = \omega \boldsymbol{B}_0 \tag{13.33}$$
$$\boldsymbol{k} \times \boldsymbol{B}_0 = -\frac{\omega}{c^2}\boldsymbol{E}_0 \tag{13.34}$$

と書き改められます.電場 $\boldsymbol{E}_0$ と磁場 $\boldsymbol{B}_0$,波の進む方向 $\boldsymbol{k}$ は全て直交しているので,この式が表すベクトルの大きさの関係は,

$$kE_0 = \omega B_0 \tag{13.35}$$
$$kB_0 = \frac{\omega}{c^2}E_0 \tag{13.36}$$

と導くことができます．これから，

$$\frac{E_0}{B_0} = \frac{\omega}{k} = \frac{1}{c} \tag{13.37}$$

となります．つまり，真空中の電磁波は，**電場と磁場の比は常に一定**となります．

電磁波の伝搬のまとめ

自由空間における電場と磁場には，以下のような性質があります．

電磁波の性質のまとめ

- 電場の波と磁場の波は必ずペアで存在している．
- 自由空間において，電場と磁場はそれぞれ独立した波動方程式で表現できる．

$$\nabla^2 \boldsymbol{E} - \varepsilon_0 \mu_0 \frac{\partial^2 \boldsymbol{E}}{\partial t^2} = 0 \tag{13.38}$$

$$\nabla^2 \boldsymbol{B} - \varepsilon_0 \mu_0 \frac{\partial^2 \boldsymbol{B}}{\partial t^2} = 0 \tag{13.39}$$

- 上の波動方程式の解として，$\boldsymbol{k}$ 方向に進む以下の電磁波が与えられる．

$$\boldsymbol{E}(\boldsymbol{r},t) = \boldsymbol{E}_0 \sin(\boldsymbol{k}_E \cdot \boldsymbol{r} - \omega_E t) \tag{13.40}$$

$$\boldsymbol{B}(\boldsymbol{r},t) = \boldsymbol{B}_0 \sin(\boldsymbol{k}_B \cdot \boldsymbol{r} - \omega_B t) \tag{13.41}$$

これらはいずれも波面が進行方向に対し垂直であるので，平面波である．

- この電磁波が自由空間におけるマクスウェル方程式を満たしているならば，電磁波には以下の性質がある．
  - 電場と磁場は，進行方向に対し垂直であるので，いずれも**横波**である．
  - **電場と磁場，波の進む方向は全て直交している．**$(\boldsymbol{k} \times \boldsymbol{E} = \omega \boldsymbol{B})$
  - **電場と磁場は，同じ振動数，同じ波数，同じ位相である．**
  - **電場と磁場の比は，常に一定である．**

これらをまとめて図示すると，図 13.2 のようになります．電荷と電流に時間変動がある場合，電場と磁場の波が発生し，電場と磁場は必ずペアとなって伝搬していきます．そのため，この波を**電磁波**と言います．先の議論で出てきたように，この電磁波の波は光の速度に等しいです．これは，**光は電磁波である**ということを言っています．私たちが目にする光は電磁波なのです．光にも様々な色がありますが，異なるのは電磁波の波長であり，波長が短ければ紫寄りに，長ければ赤寄りになってきます．ちょうど虹を思い浮かべるとイメージがしやすいでしょう．太陽光は様々な波長を持った光であり，それが雨粒によって屈折[注1]し，波長によって色分けされた虹色を目にすることができるのです．この波長によって色分けされた様子のことを，**スペクトル**と呼びます．

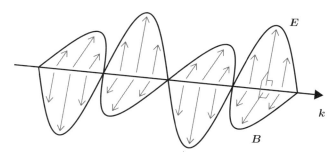

図 13.2 電磁波（光）の伝搬

人間が目で感知することができる光の波長領域のことを，**可視光**と言います．これらはちょうど虹のスペクトルと一致し，たくさんの種類の波長を含んでいる太陽からの光のうち，人間が目にしている光が虹の七色となっているだけであり，他の波長の電磁波も存在しています．実際に電磁波というものはどれだけの波長領域を持っているのでしょうか？ 図 13.3 に電磁波の波長マップを示します．このマップからわかるとおり，私たちが目に見ることができる電磁波はごくごく限られた一部分にすぎず，広くその他の波長領域が広がっていることがわかります．その他の領域の電磁波は，私たちの目には見ることはできませんが，実に多くの分野で応用利用されています．携帯電話や Wi-Fi といった無線通信，ラジオやテレビなどもこの電磁波を利用したものであって，異なるのはその波長ということになります．波長が短くなれば電磁波が持つエネルギーが大きくなり，これらはレントゲンなどで用

注1　波長によって屈折する度合い（屈折率）が異なってきます．

いられるX線となります．一方，波長が長ければ，私たちが家庭用コンセント経由で電気を供給する交流電源となります．このように，電磁波は様々な波長を持ち，それぞれの波長特性を生かして私たちの生活に応用利用されているのです．

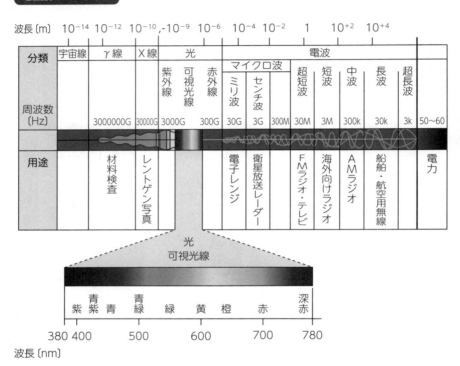

図 13.3 広がる電磁波の世界

エピローグ

エピローグ

　ベクトル解析からスタートし，電磁気学の世界を，その実験事実から理論を構築して最終的に電磁波の伝搬までを考えてきました．少し難しい数学的テクニックも登場しましたが，ベクトル解析の基本を押さえることで電磁気学の具体的な物理像がイメージしやすくなったかと思います．

　本書の中でも解説しましたが，原子力発電の基本的な原理はクーロン反発力によって説明することができます．この他にも私たちの身近なところにはあらゆるところに電磁気学的現象があります．その例が美しい虹のスペクトルであったり，美しい夕日や朝焼けだったりします．電磁気学は非常に奥深い学問ですが，学んでいくにつれ，さらにその魅力にとりつかれていくことでしょう．本書がそんな動機付けの一翼を担うことができれば幸いです．

　本書の執筆にあたり，多くの図書ならびに Web ページを参考にさせていただきました．参考文献に列挙させていただきます．実際に私もそうなのですが，学問を学ぶ際自分のイメージとぴったりと合う本に出会えることはとてつもなく幸せなことです．またその本全てではなく，この本のこの章の説明は素晴らしい！ということも多くあります．ですので，電磁気学を学ぶ際はぜひ，いろいろな書籍またはWeb ページを閲覧し，自分に合ったものを探してみてください．気がつくと部屋の本棚に電磁気学の本が数冊も並んでいる……それはいたって理想的なことだと思います．

　最後の章で触れましたが，可視光領域の電磁波現象は人間が目にすることができる限られた電磁波の波長領域です．しかしながら電磁波の世界は無限に広く，人間にもまだ理解しきれていない様々な可能性を秘めた世界が広がっています．

　未知の可能性を秘めた，より美しい電磁波の世界についてはまた次の執筆の機会があることを楽しみにとっておくこととし，本書を終わりにしたいと思います．

参考文献

[1] 溝端 茂, 高橋 敏雄, 坂田 定久 共著：微分積分学　学術図書出版社（1998）

[2] 糸岐 宣昭, 三ツ廣 考 共著：極めるシリーズ 大学・高専生のための特法演習微分積分学 I　森北出版（2009）

[3] 糸岐 宣昭, 三ツ廣 考 共著：極めるシリーズ 大学・高専生のための特法演習微分積分学 II　森北出版（2009）

[4] 立花 俊一, 成田清正 共著：エクササイズ偏微分・重積分　共立出版（2003）

[5] Murray R. Spiegel 著, 水町 浩 訳：マグロウヒル大学演習 微分積分学（上）オーム社（2007）

[6] Murray R. Spiegel 著, 水町 浩 訳：マグロウヒル大学演習 微分積分学（下）オーム社（2007）

[7] Murray R. Spiegel 著, 高森 寛, 大住 栄治 共訳：マグロウヒル大学演習 ベクトル解析　オーム社（1996）

[8] 保坂 淳 著, 須藤 彰三, 岡 真 監修：ベクトル解析 電磁気学を題材にして　共立出版（2013）

[9] 関根 松夫, 佐野 元昭 共著：電磁気学を学ぶためのベクトル解析　コロナ社（2005）

[10] 丸山 武男, 石井 望 共著：要点がわかる ベクトル解析　コロナ社（2007）

[11] 深見 哲造 著：数学ワンポイント ベクトル解析　共立出版（1981）

[12] 浜松 芳夫, 星野 貴弘 共著：電気電子数学入門 線形代数・ベクトル解析・複素数　オーム社（2016）

[13] 深谷 賢治 著：現代数学への入門 電磁場とベクトル解析　岩波書店（2003）

[14] 浜松 芳夫 著：ベクトル解析の基礎から学ぶ電磁気学　森北出版（2015）

[15] G. ストラング 著, 山口 昌哉 監訳, 井上 昭 訳：線形代数とその応用　産業図書（1989）

[16] 鈴木 七緒, 安岡 善則, 黒崎 千代子, 志村 利雄 共編：詳解 線形代数演習　共立出版（1983）

[17] 砂川重信 著：物理の考え方2 電磁気学の考え方　岩波書店（2001）

[18] 砂川重信 著：理論電磁気学 第3版　紀伊國屋書店（2009）

[19]	ファインマン，レイトン，サンズ 著，宮島 龍興 訳：ファインマン物理学 Ⅲ 電磁気学 岩波書店（2003）
[20]	ファインマン，レイトン，サンズ 著，戸田 盛和 訳：ファインマン物理学 Ⅳ 電磁波と物性 [増補版] 岩波書店（2005）
[21]	J.D. ジャクソン 著，西田 稔 訳：ジャクソン 電磁気学（上） 原書第 3 版 吉岡書店（2004）
[22]	J.D. ジャクソン 著，西田 稔 訳：ジャクソン 電磁気学（下） 原書第 3 版 吉岡書店（2006）
[23]	山本研究室 "http://www.yamamo10.jp/yamamoto/"
[24]	後藤 憲一，山崎 修一郎 共編：詳解電磁気学演習 共立出版（2006）

索引

●あ行
アインシュタイン 122
アンペール 144
アンペール・マクスウェルの法則 159
アンペールの法則 150

位相速度 169
位置ベクトル 21

エルステッド 143
遠隔作用 121
円筒座標系 75

音場 120

●か行
外積 30
ガウスの定理 58
ガウスの法則 133
重ね合わせの原理 127
可視光 175

逆ベクトル 7
極限 41
極座標系 85
キルヒホッフの法則 138
近接作用 121

クーロン 113, 132
クーロン力 113, 121
クーロンの法則 125

勾配 49

●さ行
サヴァール 145

磁石 142
磁場 120, 144
自由空間 164
磁力線 151

スカラー xii

スカラー3重積 34
スカラー積 27
スカラー場 15
スカラーポテンシャル 51, 137
スカラー量 xii
ストークスの定理 62
スペクトル 175

静磁場に対するガウスの法則 150
静磁場を表す微分方程式 148, 149
静電場を表す微分方程式 135
積分形の電荷保存の法則 157
積分形の電磁誘導の法則 161
積分形のガウスの法則 135
接線 41
接ベクトル 42
ゼロベクトル 7

●た行
対角化行列 29
単位ベクトル 7

直交座標系 73

強い力 111

定ベクトル 41
ディラックのデルタ関数 97
電圧 138
電位 138
電荷の保存則 149
電荷保存の法則 156
電気力線 125
電磁波 175
電磁誘導の法則 161
電磁力 111
電場 120

等圧線 14
導関数 41, 42
透磁率 144
特異点 97

●な行

内積 27
∇（ナブラ）演算子 49

ニュートン 112

●は行

場 14
波数ベクトル 167
発散 55
発散の積分 55
波動方程式 165
万有引力 111

ビオ 145
ビオ・サヴァールの法則 147
光の速度 170
ピタゴラスの定理（三平方の定理） 22
左手系 73
微分形の電荷保存の法則 157
微分形のファラデーの電磁誘導の法則 ... 161
微分係数 42
微分形のガウスの法則 133, 135

ファラデー 160
ファラデーの電磁誘導の法則 160
分散関係 170

平面波 168
ベクトル xii
ベクトル3重積 36
ベクトル関数 16, 41
ベクトル恒等式の定理 65
ベクトル積 30
ベクトルとスカラーの乗算 19
ベクトルの成分 6
ベクトルの成分表示 22
ベクトルの相等性 7

ベクトルの足し算 18
ベクトルの引き算 20
ベクトル場 15
ベクトル場の微分 55
ベクトル微分演算子 49
ベクトルポテンシャル 65, 147
ベクトル量 xii
ヘルツ 162
変位電流 159
変位電流密度 159

方向余弦 10

●ま行

マクスウェル 162
マクスウェルの変位電流 157
マクスウェルの方程式 117, 162

右手系 73

●や行

ヤコビアン 102
ヤコビの恒等式 37

有向線分 6
誘導起電力 161

横波 171
弱い力 111

●ら行

ラプラシアン 66
ラプラス演算子 66

流体力学 5
流量（フラックス） 55

連続 41

〈著者略歴〉

坂 本 文 人（さかもと　ふみと）

2007 年 3 月　東京大学大学院工学系研究科博士課程修了　博士（工学）
2007 年 4 月　日本学術振興会特別研究員　PD
2008 年 4 月　東京大学　特任助教
2008 年 10 月　秋田工業高等専門学校　助教
2018 年 4 月　秋田工業高等専門学校　講師

専門は加速器工学．特に荷電粒子ビームの高精度計測とその医療応用．
最近では卓上マイクロイオンビーム源の開発とその医療応用に関する研究に従事．

- 本文イラスト：廣　鉄夫
- 本書の内容に関する質問は，オーム社書籍編集局「（書名を明記）」係宛に，書状または FAX（03-3293-2824），E-mail（shoseki@ohmsha.co.jp）にてお願いします．お受けできる質問は本書で紹介した内容に限らせていただきます．なお，電話での質問にはお答えできませんので，あらかじめご了承ください．
- 万一，落丁・乱丁の場合は，送料当社負担でお取替えいたします．当社販売課宛にお送りください．
- 本書の一部の複写複製を希望される場合は，本書扉裏を参照してください．
  [JCOPY] ＜（社）出版者著作権管理機構 委託出版物＞

ベクトルからはじめる電磁気学

平成 30 年 8 月 15 日　　第 1 版第 1 刷発行

著　　者　坂 本 文 人
発 行 者　村 上 和 夫
発 行 所　株式会社 オ ー ム 社
　　　　　郵便番号　101-8460
　　　　　東京都千代田区神田錦町 3-1
　　　　　電 話　03(3233)0641(代表)
　　　　　URL　https://www.ohmsha.co.jp/

© 坂本文人 2018

組版　トップスタジオ　　印刷・製本　三美印刷
ISBN978-4-274-22245-0　Printed in Japan

好評関連書籍

マンガでわかる
電磁気学

遠藤 雅守［著］
真西 まり［作画］
トレンド・プロ［制作］
B5変判／並製／264ページ／定価(本体2,200円+税)

身近な現象を題材に電磁気学をマンガで解説！

　電磁気学は定理や公式の数が多く、関連がわかりにくい難解な学問です。しかし実は電磁気学は、高校で学ぶクーロンの法則というから出発し、最終的には、さまざまな現象を4つのマクスウェル方程式につながり、展開ができるものです。本書はクーロンの法則を理解し、最短距離でマクスウェルの方程式の理解にまでいくルートを、マンガで身近な生活の現象を例にして紹介していきます。付録では、本書を読むにあたって最低限必要なベクトル、スカラと「場」に関する概念を掲載しています。

《このような方にオススメ！》
電磁気学を再度学びたい社会人／電磁気学を難しいと感じている学生

基本を学ぶ
電磁気学

新井 宏之［著］
A5判／並製／180ページ／定価(本体2,500円+税)

基本事項をコンパクトにまとめ親切・丁寧に解説した新しい電磁気学の教科書！

数学が苦手ならこれ！電磁気学、電気回路もすいすい学べる！

電気電子 数学入門
線形代数・ベクトル解析・複素数

電気電子数学入門
線形代数・ベクトル解析・複素数
浜松 芳夫・星野 貴弘［共著］
A5判／並製／228ページ／定価(本体2,600円+税)

もっと詳しい情報をお届けできます。
※書店に商品がない場合または直接ご注文の場合は右記宛にご連絡ください。

ホームページ https://www.ohmsha.co.jp/
TEL／FAX TEL.03-3233-0643　FAX.03-3233-3440

（定価は変更される場合があります）

F-1808-154